宸冰 ○ 著

图书在版编目（CIP）数据

中国好家风 / 宸冰著. -- 重庆：重庆出版社，2025.3. -- ISBN 978-7-229-19247-1

Ⅰ. B823.1-49

中国国家版本馆CIP数据核字第20248QY144号

中国好家风
ZHONGGUO HAO JIAFENG

宸冰 著

出　　品：	华章同人
出版监制：	徐宪江　连　果
责任编辑：	肖　雪
营销编辑：	史青苗　刘晓艳
责任校对：	刘小燕
责任印制：	梁善池
文稿整理：	贺　虹
装帧设计：	乐　翁

重庆出版集团
重庆出版社　出版

（重庆市南岸区南滨路162号1幢）

三河市嘉科万达彩色印刷有限公司　印刷

重庆出版集团图书发行有限公司　发行

邮购电话：010-85869375

全国新华书店经销

开本：880mm×1230mm　1/32　印张：9.25　字数：200千

2025年3月第1版　2025年3月第1次印刷

定价：58.00元

如有印装质量问题，请致电023-61520678

版权所有，侵权必究

他们说

读书，读人，读世界；读家，读国，读自己。宸冰女史的《中国好家风》，是喻世之书，也是警世、醒世之书，同时我也把这本书看成高层次的育儿经。阅读此书，我为宸冰的责任感、宸冰的智慧而感动。我相信，这本书不仅对中国青少年的成长有益，而且对年轻的父母有启示意义。

——作家、茅盾文学奖获得者　李洱

我喜欢宸冰的"全息阅读法"，不仅可以用于读书，而且可以用于深入地读人、读世界。她的《中国好家风》，选用古圣先贤们的治家之道，让历史的智慧在当下焕发出璀璨的光彩。无论是颜之推的家训，还是梁启超的家教，她都能娓娓道来，深入浅出，活泼生动。这本书堪称为人父母和家庭教育必读的好书。

——《水煮三国》作者　成君忆

中国的社会生活正在发生重大变化，人与人之间的相处方式，个体与群体、家庭与国家、家族成员之间的关系等，每个人或深或浅都能感受到其中的变化。这些变化会令人焦虑、无奈、激动、不知所措。早年间读恩格斯的著作《家庭、私有制和国家的起源》，书中探讨了人类秩序的搭建过程,而今科技带来的巨大变化,尤其是互联网和人工智能,呼啸而至,以前所未有的方式覆盖了整个社会。家庭,人们赖以生存的单元,如何在传统文化中"提纯",如何在新时代里演化,是一个复杂且重要的问题。宸冰的新作《中国好家风》,直面问题,探求答案。寻求中外历史与当下的家庭作为样本,将这些颗粒串联起来,加以分析研究,为正在追赶和前行的家庭,提供他山之石。这是一件温暖又富有理性的事情。也许每个家庭都有属于自己家庭的"经",但依然有必要寻找家庭在塑造"家风"中的共同点与差异。这本书的意义就在于此。

——纪录片《大国崛起》导演　李成才

家风是一种无形的教育,是一种潜移默化的力量。优良的家风不仅是形成良好社会风气的基石,也是一个家庭的道德教育和价值观的具体体现。《中国好家风》一书通过一系列动人的故事和作者亲和的解析,揭示了家风对于个人成长、家庭和谐乃至整个社会风气的重要性。告诉读者:家风不仅是一种传统,更是一种力量,能够塑造个人的品格和命运。

——文史学者、《百家讲坛》主讲人　荣宏君

自序

"观乎天文,以察时变;观乎人文,以化成天下",中国人历来重视"以文化人"。以儒家思想为代表的中国文化的核心内容,旨在通过人文的熏陶和启迪,提升人的内在修养,促进人性的完善与社会的和谐。而在漫长的历史长河中,践行"以文化人"最开始、最基础、最核心、最扎实的无疑就是家庭中的文化教育养成。当我开始创作《中国好家风》的时候,对这一点更是有了深刻的认识和领悟。

2024年10月,我有幸访问了梁漱溟先生的儿子梁培恕先生,当这位96岁高龄的老人精神饱满、思路清晰地给我们讲述其父亲和祖父故事的时候,他眼中闪着的光和那些温和睿智的话语给我留下了深刻的印象。作为"中国最后一位儒家",梁漱溟先生围绕"人到底该怎样活着"这个问题的思考、探索和实践也形成了其独特的家风。因父亲梁济中西结合的宽容教育方式而成就的梁漱溟先生,为自己两个儿子取名为"宽"和"恕",他用自己的方式传承着中国的儒学与教育理念。

无独有偶,我与丰子恺先生的外孙宋菲君聊天时,听到"缘缘堂"中"课儿"的故事,更是为之感动叹服。那是战乱时代,丰子恺先生给家中所有儿女开办"家庭私塾",在那里,纯粹的、艺术式的教育传递给孩子们满满的爱、尊重和信任。在丰子恺先生看来,家庭往往是文化传承和人格塑造的重要场所,好的教育应该既有爱又有规矩,既融合传统文化与现代思想,又在爱与严厉之间找到平衡,注重审美情趣和文化修养,强调感情世界的丰富。这样充满爱与艺术的家风,也使得丰家后辈子孙们个个满腹诗书,即便外孙宋菲君后来成了国际有名的光学专家,还享受着国务院的专家津贴,日常生活中最爱干的事儿也还是画漫画、写文章、背诵诗词。这不仅没有影响他的光学研究,反而给物理世界带来了更多的艺术灵感。

梁培恕和宋菲君两位老人都已是耄耋之年,但是他们身上的活力与精神却令人如沐春风。他们也曾经历无数的坎坷磨难,但在良好家风的熏陶下,他们的生命与家庭血脉紧密相连,时刻被如玉般温润的巨大能量滋养着,永远积极向上,这样真正"以文化人"的底层逻辑才是家庭教育的核心本质。

而与之形成鲜明对比的是,今天的社会上,各种关于青少年的教育悲剧与乱象层出不穷,父母们忙于工作,孩子们沉迷于电子设备,家庭的沟通越来越少,教育的焦虑却越来越多。很多父母试图通过各种培训班、教育方法来弥补这种缺失,却忽略了真正的教育并不是外在的技巧,而是内在的滋养。父母的言传身教、家庭的文化氛围、家风潜移默化的作用,才是孩子成长中最重要的力量。教育的本质,从来不只是知识的传授和技能的培养,还是生命的塑造、心灵的启迪、人格的培养。而这一切的起点,正是家庭。家庭,是每一个人生命中的第一个课堂,是我们感知世界、认识自我、理解他人的原点。家风,则是这个课堂的灵魂,是家庭成员之间长期共同生活所积淀下来的价值观、行为准则和文化传统。教育的核心意义,其实是帮助孩子找到生命的方向,塑造健全的人格,让他们成为一个有责任感、有独立思考能力、有爱心的人。

作为一名专业阅读工作者，从上一本书《中国家书家训》开始，我已经接触家风推广工作五年了，尤其是今年，我还撰写、播讲了100集"中国好家风"系列短视频，并开始了全国学校的巡讲。每当为广大中小学生和家长讲起一个个鲜活生动的家风故事时，我总是忍不住热泪盈眶，因为那些真实故事背后的鲜活生命与伟大精神，不仅令人感动不已，更蕴含了深厚的中华文化力量。我常想，如果每个家庭都能多了解一些这样的感人故事，走近这样的人生历程，真切地感受那种心灵和灵魂的洗礼，他们就一定会被感染、打动和影响，而每一个听着这样故事长大的孩子，也会带着中华民族传承千年的文化基因，成长为我们的希望。我常想，如果每位父母都能在这些故事中感受到，好的家风与传承是家长以身作则、身体力行，是成年人在自我提升与实践总结的基础上提炼出的一个和孩子一起渴盼的共同目标，是整个家庭一起完成一份守则与约定，那么，家风才能像源头活水一样，流进孩子们的心田，成为他们信任的力量。

自古以来，中国人的家风文化就生动映射出深厚的中华文化基因，无论是做事还是做人，家庭教育既不是一种简单学会就行的知识，也不是一种可以不断纠错的练习，而是一种既能关照现在，也能回望过去，并且影响未来的智慧。好的家风，能够让一个人终身受益，甚至影响几代人的命运；而缺失深厚家风的家庭，则往往让人迷失在浮躁与焦虑中，找不到人生的方向。现代快节奏的生活方式与来自各种文化的冲击，像迷雾一般遮住了我们的心灵。科技的发展带来了便利，但也带来了困惑；物质的丰富带来了舒适，但也带来了精神的迷茫。那么，就让来自历史的声音照进现实，唤起家长的觉醒与进步，通过从根本上提升家长的认知与素养，帮助父母们找到教育的本质意义，学会更高纬度地看待和理解教育的本质，找到属于这个时代的应对机制与方式方法，更好地完成身为父母的使命与责任，真正帮助孩子成长。

尤瓦尔·赫拉利在他的新书《智人之上》中提到："是信息不同的连接方式在不同历史时期塑造了人类的认知和行为。"未来的时代，这样的连接不仅由人类完成，还有智能机器的参与。面对越来越复杂和竞争激烈的时代，我们该给孩子们怎样的能力和能量，才能让他们安全、健康地迎接挑战？我们该让孩子们用怎样的价值观去连接信息，又该在什么样的维度下理解人类真正的优势？你会发现最终帮助一个人获得幸福与成功的，还是那些个体生命中最宝贵的品德、最善良的人性、最有爱的心灵以及最坚韧的毅力，而这些都是好家风的重要组成部分，你也都将在这本书中读到。

对我而言，这不仅是一本记录优秀家风的书，也是一面映照当代家庭教育的明镜。我们可以看到传统与现代的碰撞，可以感受到文化传承的力量，更可以找到化解当代教育困境的智慧。为了更好地帮助大家从中汲取营养，我基于全息阅读法的研究，对诸葛亮、颜之推、苏轼、张居正、曾国藩、梁启超等13位历史名人的家风进行了解读，不仅总结了他们修身、养性、为人、处世、齐家、治国等方面的见解，还通过"读书、读人、读世界"三个维度，从他们如何对待家庭与子女教育，如何看待世界、人性和未来的态度中，剖析他们的所思所想所为，打通阅读的时空界限，汇聚成新时代的家庭教育手记。希望这种特殊的信息连接方式和思想方法，能为现代父母带来成熟的教育启示与帮助。

写作《中国好家风》的过程，对我自己也是一次精神的洗礼和心灵的净化。那些质朴而深刻的家训，那些看似平常却蕴含大智慧的家教方式，无不彰显中华文化的博大精深。我坚信，在当今这个充满挑战的时代，我们比任何时候都更需要这些优秀家风的滋养。它们不仅能够帮助我们应对教育难题，更能够为我们提供安身立命的精神支撑。这些优秀的家风不仅承载着过去，也寄托着我们对未来的期望。我由衷地期待，每位读者都能从中汲取养分，找到属于自己的家庭教育方法和成长之道。

家风，正是人文的起点，是文化传承的根基。让我们共同努力，将好的家风传承下去，为我们的家庭、社会和国家，注入更多的温暖和力量。

1975年，3岁的我摇头晃脑地背诵着《论语》，那时的我完全不懂每句话的含义和道理，燕京大学毕业的爷爷耐心地给我一句句讲解，还鼓励我在家庭聚会上讲给别的小朋友听，当时屡屡被称赞的我决不会想到，50年后，我会成长为一个把中国文化讲给更多人听的老师。此刻，写下这些文字的我，无比感恩有这样的家风，希望你们亦如是。

最后，本书参考了一些必要的文献和资料，如有谬误，均是本人才疏学浅，还请各位多多批评指正。

宸冰
2024年11月于北京

目录

001　非宁静无以致远
　　——诸葛亮与《诫子书》

023　涵养千年清正家风
　　——颜之推与《颜氏家训》

045　绵延千年的传承典范
　　——钱镠与《钱氏家训》

069　北宋名臣的价值观
　　——范仲淹与《家训百字铭》

091　既知爱，更知教
　　——司马光与《温公家范》

115　非义不取清廉身
　　——苏轼与苏氏家训

137　"大明脊梁"的清正家风
　　——张居正与《张居正家书》

Contents

157 不走弯路的质朴教育
　　——朱用纯与《朱子家训》

179 皇家教子秘本
　　——康熙帝与《庭训格言》

201 一封书信万里心
　　——林则徐与《林则徐家书》

221 天下之至拙，能胜天下之至巧
　　——曾国藩与《曾国藩家书》

243 教育，不只是学习
　　——梁启超与《梁启超家书》

265 "精神贵族"的华夏传承
　　——"中国的居里夫人"何泽慧的家风

非宁静无以致远

——诸葛亮与《诫子书》

人物小传

诸葛亮（181—234），字孔明，三国时期蜀国的政治家、军事家，人称"卧龙"。建安十二年（207），刘备三顾草庐，诸葛亮出山，提出著名的《隆中对》，建议刘备占据荆、益两州，安抚西南各族，联合孙权，对抗曹操，逐渐实现统一全国的策略。后协助刘备建立蜀汉政权，辅佐刘禅，直至病死于五丈原（今属陕西宝鸡）军中。

提起三国时期的诸葛亮，大家最先想到的是什么呢？是他满腹经纶，神机妙算？还是他草船借箭，赤壁之战？在中国五千年的历史中，论知名度高、形象气质佳的人物，诸葛亮也排得上头一号了。集智、勇、忠、诚等美德于一身，中外古今似乎再也找不到这样令人激赏的政治人物了。

卧龙一出三分定，满门忠孝气长凝！在罗贯中的经典名著《三国演义》中，诸葛亮是能掐会算的隐士高人、善用奇谋巧计的谋略家、"舌战群儒"的外交家，是设计出"木牛流马"的发明家，是"鞠躬尽力、死而后已"的忠臣楷模，是留下名作《出师表》的散文家，是"空城计"里抚琴拨弦的音乐家、是电影《赤壁》中什么都"略懂"的全能军师……那么真实的诸葛亮又是怎样一个人呢？他的人格魅力与影响力为何会千年不朽？

诸葛亮受刘备托孤，赤胆忠心辅佐少主，最后病亡于北伐途中。他的后代继承先志，为蜀汉尽忠效力，263年，长子诸葛瞻和长孙诸葛尚一起在绵竹之战中壮烈殉国。诸葛一族生前满门忠烈，身后流芳百世，这样的功业，与诸葛亮的价值观和家风家教有着密不可分的关系。

读书
临终家书中的无限力量

诸葛亮46岁的时候，他的儿子诸葛瞻出生，在古代，这算是老来得子。诸葛瞻从小聪慧可爱，擅长书画，记忆力也很强。诸葛亮在给哥哥诸葛瑾的信中曾特地提到儿子诸葛瞻："瞻今已八岁，聪慧可爱，嫌其早成，恐不为重器耳。"诸葛亮这位老父亲担忧儿子诸葛瞻的聪慧过早外露，容易骄傲自满而成不了大器，但由于政务繁忙，始终没有太多的时间亲自教导，于是在234年，54岁的诸葛亮临终前给8岁的诸葛瞻写了一封家书：

> 夫君子之行，静以修身，俭以养德。非淡泊无以明志，非宁静无以致远。夫学须静也，才须学也，非学无以广才，非志无以成学。淫慢则不能励精，险躁则不能治性。年与时驰，意与日去，遂成枯落，多不接世，悲守穷庐，将复何及！

这，就是著名的《诫子书》。全文只有短短86个字，却将诸葛亮的生活经历、人生体验和学术思想全部凝结其中，诸葛亮通过这封书信既精简地阐明了自己的价值观，也表达了对儿子的期待，字字句句，饱含真诚。认真研读《诫子书》后我们认识到，诸葛亮不仅拥有卓越的军师之才，同时也是一位难得的教育家，《诫子书》中充满智慧之语的人生哲理，使他的子孙获益颇多，更成为后世修身立志的名篇。

"静以修身、俭以养德"的价值观

"静以修身""非宁静无以致远"，包含着宁静的力量，告诫孩子要修身养性，内心平和非常重要。在《出师表》中，诸葛亮介绍自己出仕之前曾"躬耕于南阳"，而从陈寿的《三国志》中我们了解到诸葛亮在躬耕时最大的爱好是"每晨夜从容，常抱膝长啸"。史学界多数认为"长啸"是诸葛亮的一种自我吟唱的方式。我们知道诸葛亮心中本有着匡扶大业的抱负，但他在最意气风发的年纪却能甘心于山林间田耕以磨砺心性，通过"长啸"的方式锻炼自己，可见从那时起，诸葛亮就认识到"宁静"对于实现远大理想的意义。

要保持内心的平和，安静的外部环境也是必不可少的。现代社会生活节奏极快，有的家长只知一味催促孩子进步，反而使自己和孩子都变得焦虑。心理学家研究发现，孩子天生就有安静的能力。家长如果能停止喋喋不休，适当地放缓节奏，给孩子一个安静的空间，对孩子心性的养成是有很大帮助的。

"俭以养德""非淡泊无以明志"则包含着淡泊的力量，不贪图物质的享受，不过分看重眼前的名利与得失，志向高远，才是人生的大智慧。

作为刘备的得力助手，诸葛亮经常能得到丰厚的赏赐，刘备曾赐他五百斤的黄金，在写给友人的书信中，诸葛亮也曾透漏得到的奖赏已经超过"百亿钱"。而诸葛亮一家的日常生活却惊人地节俭，非但没有多余的衣服可穿，在给刘禅的遗书中诸葛亮还坦言自己的家产仅有"桑树八百株，薄田十五顷"。

身处现代社会，大多数的家庭条件都比较好，也愿意给孩子最好的东西，这是无可厚非的，但要注意让孩子养成不浪费的习惯。以前我们买东西都是付现金，钱多钱少一目了然，现在出门都是手机扫码支付，这会导致孩子对钱没有概念，觉得手机里有花不完的钱。对此，家长不妨让孩子做一次自主购物的尝试，让他们自由支配一定金额的钱去购买需要的东西，在这个过程中孩子会学着理解金钱和节俭的概念，同时，还可以培养理财的能力。

拥有淡泊的心性，能够让孩子在面对诱惑时保持清醒的头脑，不被物欲左右，始终朝着自己的方向不断前进，并且越走越好。

静心以修志，立志方成学，博学而广才

"夫学须静也，才须学也""非学无以广才""非志无以成学"，包含着好学的力量。德国作家歌德说过，人不是靠他生来就拥有的一切，而是靠他从学习中所得到的一切来造就自己。诸葛亮27岁出山，在此之前他花费大量时间充实自己、韬光养晦，才能在刘备三顾求贤时一鸣惊人。当今社会越来越重视教育的价值，从以前的"应试"学，到现在的"素质"学，"学"的侧重点也有了新的变化。学无止境，学习是一生的修行，而能让孩子对知识一直保有好奇心才是学习的原动力。

求学是成才的前提，而立志则是求学的前提。立志不一定是从一开始就树立多么远大的志向，而是无论大人还是小孩，都可

以在不同时期给自己定阶段性的小目标，朝着目标的方向努力学习。重要的是制定计划、持之以恒，避免半途而废。立志是不断发现、不断选择、不断成熟的过程，阶段性小目标的实现会激励我们不断学习，使我们最终在学习中确立远大的志向。

一生严谨要强的卧龙先生

"淫慢则不能励精"包含着勤奋的力量。一个人如果过度放纵自己、行为懒散，就很难振奋精神，学习也很难精进。现在很多人做事"三分钟热度"，或者有"拖延症"，其实就是"淫慢"的一种表现。因此，要想培养严于律己的行为习惯，就要合理规划学习进度，时刻保持专注、不拖沓。

虽然在诸多文学作品、影视作品中，诸葛亮足智多谋、出奇制胜，鲁迅说他"多智而近妖"，然而真实历史上的他却极为谨言慎行，甚至到了无趣的程度。在北伐中原时，由于始终遵循"慎战"的方针，诸葛亮的战绩也并没有演义中说的那么光辉。

与军事才能相比，诸葛亮更擅长的其实是行政管理。《资治通鉴》记载，刘备军团在接管益州后，作为主要行政长官的诸葛亮当即采取了非常严苛的法令来快速稳定局势，遭到了许多原有权贵的不满。在和同僚法正解释缘由时，诸葛亮提出了经典的"乱世行仁政，弛世用重典"的治国策略，认为越是宽松废弛的社会状况，越要用严明的政令来规范人们的言行。《晋书·宣帝纪》中记载，司马懿曾向汉使询问诸葛亮的政事，汉使回答"二十罚已上皆自省览"。彼时的诸葛亮已经是北伐军的最高领导，对于军中大小事依然亲自过问。以上两件事都体现着诸葛亮毕生勤于政事、从不懈怠的作风。

"险躁则不能治性"包含着性格的力量。"治性"即陶冶性情，一个人的性格中包含着他的修养。心浮气躁的人无法集中精力去思考，容易迷失自我。孩子在性格的养成中，不可避免会出现叛逆期，容易出现浮躁情绪。当孩子发泄情绪时，家长应尽量用平和的语气交流，不要粗暴地打断他，告诉他要解决问题就要先冷静下来。等孩子情绪稳定后，引导他思考并表达自己的想法，然后一起分析解决，这样既有助于孩子的身心健康，也有助于良好的亲子关系的形成。

"年与时驰，意与日去，遂成枯落"包含着激情的力量。诸葛亮告诫儿子如果虚度光阴，意志也将随着时光流逝慢慢消退，人便会在碌碌无为中老去。当下教育也是一样，当孩子出现消极情绪的时候，我们要多给予一些鼓励，点燃孩子的激情，帮助他渡过难关，从而坚定他为远大志向而努力的意志。

家书全篇无处不流淌着"精简"的力量，精简的表达源于清晰的思想。诸葛亮用他的智慧告诉我们，有效的沟通不在于长篇大论、反复唠叨，而应言之有物，采取正确的表达方式，简单明了地表达自己的看法。

《诫子书》中不仅有大的原则，更有细微的关怀，它所包含的力量也蕴含了深刻的价值观，它们汇聚成诸葛亮对儿子深沉的爱和家风家训传承的力量，对后世的教育理念有很大的借鉴意义，今天的我们依然能从中汲取到教育的灵感。

名垂千古的文人骚客如李白、李商隐等对诸葛亮推崇备至；"精忠报国"的天才将领岳飞，以手抄诸葛亮的《前出师表》来表达无限的尊崇；而千年后的今天，四川人民仍感念着他的治蜀政绩。为纪念诸葛亮而建的武侯祠遍布全国各地，诸葛亮的形象意义早已超过一个家族的楷模，而成为整个华夏文明中一颗璀璨的明星！

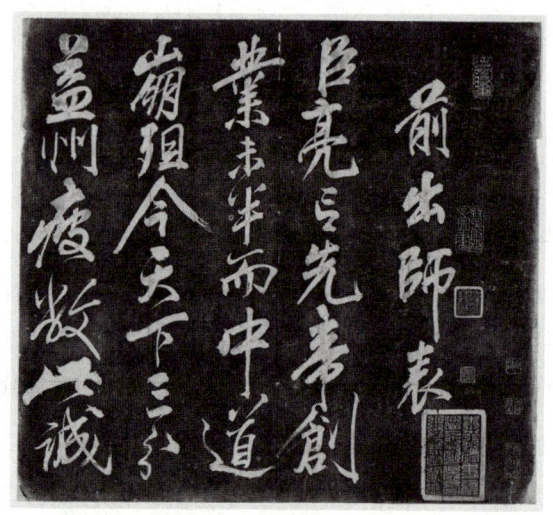

南宋岳飞手书《前出师表》（局部）
岳飞书写的《前出师表》是南宋时期著名的书法作品，以行草书的形式呈现，以十几处刻石的形式存世，展示了岳飞对诸葛亮的敬仰

读人
以毕生之执念，做后世之明灯

"鞠躬尽力，死而后已"的忠贞之心

诸葛亮的《诫子书》寄托了对后代的殷殷期望，而诸葛家族中刚正不阿的品格、傲人的风骨和高洁的德行，也通过血脉代代传承了下来。据三国时期著名史学家、东吴四朝重臣韦昭写的《吴书》记载，诸葛亮的先祖原姓葛氏，居住在琅邪（今属山东临沂）诸县，后迁往阳都县（今山东沂水），为了区别于阳都县原有的葛氏人家，就加入了原籍"诸"，用了"诸葛"这一复姓。诸葛亮的祖父诸葛丰为人刚直、尽职尽责，做官的时候检举不法毫不避讳，在京师是出了名的，对此人们还编了俗语"间何阔，逢诸葛"，意思就是"咋个好久都没能见到面呢？因为被诸葛丰弹劾了呀"。由于多次公然挑战权臣，诸葛丰最终被罢职，但他这种高风亮节、执法严正的个性，却很好地遗传在了诸葛亮的身上。

诸葛亮很小时父母就相继离世了，一直由叔父诸葛玄抚养，叔父对他们几个兄弟姐妹视如己出。诸葛玄善于交际，文采极佳，和当地的政界人物关系不错，这为诸葛亮早年搜集情报、培养组织分析和表达的能力提供了天然的土壤。后来借由诸葛玄的关系，荆州刺史刘表帮助颠沛流离的诸葛亮两兄弟在隆中安顿下来，其后才有了著名的"三顾茅庐""孔明出山"的典故。而在整个青年阶段，无论是兵荒马乱的现实，还是叔父坎坷的官场历程和良好

的人际交往，都给诸葛亮的人生观带来了重要的影响。

从刘备"三顾茅庐"开始，诸葛亮一生为西蜀殚精竭虑、鞠躬尽瘁，帮助弱小的蜀国一步步发展壮大。尤其是诸葛亮为刘备提出的第一个战略方案更是奠定了西蜀发展的基础，这就是我们熟知的《隆中对》，它为刘备指明了依托荆襄，坐拥蜀地，联孙伐曹的霸业之路、兴汉之路。自此开始，诸葛亮正式"出道"，加入刘备军团，与关羽、张飞等老将携手开创了魏蜀吴三足鼎立的局面。三国后期，蜀军在经历了几场重大战役后，十万余精锐损失殆尽。随着蜀国一蹶不振，刘备也重病不起，最后病死在白帝城（今属重庆奉节），临终前托孤于诸葛亮道：你的才能是曹丕的十倍，必定能够安顿国家，终可成就大事。如果嗣子（刘禅）可以辅助，便辅助他；如果他没有才干，你可以自行取代。这番话是刘备对诸葛亮的极致信任，感激涕零的诸葛亮毫不犹豫地说道：臣必定竭尽股肱之力，忠贞报国，直到死为止！

从此之后，诸葛亮尽心辅佐刘禅。在北伐中原之前，诸葛亮给后主刘禅上呈一表（后世称"前出师表"），阐述了北伐的必要性以及对后主刘禅治国寄予的期望，言辞恳切、句句泣血。这篇表文不仅写出了诸葛亮的一片忠心，也成为后世敬仰诸葛亮的又一依托。"出师一表真名世，千载谁堪伯仲间。"这是南宋著名诗人陆游对《出师表》的评价，也代表了历代文人墨客对其的赞誉。世人崇拜诸葛亮，不仅因为他有超凡的智慧和杰出的才能，更因为他有难能可贵的忠诚和百折不回的精神。正如后上一表（后世称"后出师表"）里写的那样，北伐途中的诸葛亮事必躬亲，过度的劳累和不利的战局让他心力交瘁，身体状况也每况愈下，但是凭着一种责任和忠诚，他依然夜以继日地为匡扶汉室奔忙，直至在五丈原病逝，一代历史伟人就这样隐没在历史长河之中。

诸葛亮留给我们的不只是雄才大略的智慧、尽心辅政的忠诚，还有他高洁的品格与清正廉明的美名。诸葛亮生前为官清廉，清心寡欲，身体力行。他生活十分俭朴，并常以春秋楚相孙叔敖自比，在北伐前给刘禅的上书中坦然公布自己的财产。为了一改东汉以来的厚葬风气，诸葛亮遗命将自己安葬于前线的定军山下，不必运回蜀地举行国葬，以免铺张浪费。一人之下、万人之上的宰相，能有此心胸，在人生的最后阶段仍坚持原则，力行俭朴，实在难能可贵。

治国先治家，诸葛亮不仅严于律己，对子侄的要求也甚为严格。他46岁才得子，所以早年便将兄长诸葛瑾的次子诸葛乔过继到自己名下。诸葛亮北伐时，诸葛乔也跟随到了前线。为了锻炼诸葛乔，诸葛亮特别安排他负责山区押解军粮的工作，所谓"三军未动，粮草先行"，粮草押运官是个重要岗位，且十分辛苦。在写给诸葛瑾的书函中，诸葛亮特别提到这件事：乔儿按道理是可以留在蜀地的，但现在"将二代们"都在前线运送物资，大家应该同甘共苦才对，所以我特别令他率领五百多名兵士，和众子弟们一起担任运粮工作。但遗憾的是，诸葛乔在街亭之役时，为保护粮秣安全，不幸战死。

而对于自己晚年得来的宝贝儿子诸葛瞻，诸葛亮也没有过分溺爱，反而管教严格。诸葛瞻自幼机敏好学，很有几分先父的风姿，17岁时娶蜀汉公主为妻，被授骑都尉一职，从此正式走上仕途。诸葛瞻始终遵循诸葛亮的教导，在《诫子书》的影响下，不轻浮、不急躁，同时保持时刻学习的态度，从低级军官做起，一直升到他父亲曾担任过的军师之职，不负诸葛亮的期望。

263年,魏将邓艾率军偷渡阴平(今四川绵阳西北),突至涪城(今四川绵阳),诸葛瞻率军迎战。邓艾曾派遣使者送上劝降书,声称若是投降,邓艾将军可上表封诸葛瞻为琅邪王。诸葛瞻勃然大怒,撕碎书信,斩杀来使,集结军队在绵竹与邓艾交战。邓艾是一个久经战阵的名将,作战经验不足的诸葛瞻虽然节节败退,但始终不肯投降,最终战死在阵前,时年37岁。他的儿子诸葛尚,见到父亲战死,同样没有退缩,带领残军冲入魏军阵中,左右冲杀,终因寡不敌众,血洒疆场,时年19岁。作为对手的邓艾为这对父子的忠义所感动,将他们合葬。现在的四川省绵竹市仍保留有祭奠诸葛瞻父子的"诸葛双忠祠",后人题咏"一门三世英风挺,万古双忠大节标",歌颂他们的"三世忠贞"。

明末清初的文学批评家毛宗岗对诸葛瞻父子二人诸多赞誉:"诸葛瞻父子受命于大事既去之后,而能以一死报社稷。君子曰:武侯于是乎不死。盖战死绵竹之心,亦秋风五丈原之心也。使当日甘心降魏以图苟全,则于'鞠躬尽力,死而后已'之家训,不其有愧乎?故瞻、尚亡则武侯存。"这最后一句话的意思就是,当年诸葛亮留下了"鞠躬尽力,死而后已"的家训,而他的子孙无愧于这句家训,因此,尽管诸葛瞻和诸葛尚牺牲了,但武侯的精神却永存下来。"鞠躬尽力,死而后已"于今人而言,理解了《(前、后)出师表》所传达的精神力量,则更能感受到它所蕴含的时代意义和历史影响。

四川绵竹"诸葛双忠祠"

"不为良相,便为良医"的济世情怀

现在的浙江省兰溪市有一个神秘的古文化村落,那里风景秀丽,至今已有700多年的历史。据考证,这个村落是由诸葛亮27代孙诸葛大狮在元代中后期营建的,那里一直居住着诸葛亮的后人,名为"诸葛村",是最大的诸葛亮后裔聚居地。诸葛村建筑风格独具特色,走入其中仿佛进入迷宫一样,而如果从空中俯视,就会发现整个村落的建筑分布竟是呈九宫八卦之形。杜甫曾以"功盖三分国,名成八阵图"赞颂诸葛亮的丰功伟绩,这八阵图便是诸葛亮推演兵法时创设的一种阵法。关于诸葛村的布局,有说法称,正是诸葛后人根据八阵图的精髓设计的,以此来纪念祖先。

《诫子书》也被作为祖训继承了下来。

诸葛村人从小就诵读《诫子书》,将其作为自己的为人处世之法。在诸葛后裔看来,淡泊宁静,是保持内心的平和,坚持志向、懂得取舍。有一种传言,称诸葛亮曾立过"不为良相,便为良医"的宏志,诸葛村人认为先祖诸葛亮作为千古第一良相,治国功高日月,后辈自是无法超越,便选择另一条道路,学医济世。明清以来,诸葛村人在东南沿海以及港澳地区,开了上百家中药房,以良药济民,继承老祖宗的遗风。

《诫子书》中的"修身""养德"在诸葛村人身上体现得淋漓尽致,他们在务实进取、兴家立业的同时,依然保留了弥足珍贵的淡

元代赵孟頫《诸葛亮像》

赵孟頫画中的诸葛亮手持如意,闲适坐于榻上,刻画精细,仙气飘飘,活脱脱一位智慧仙人形象。画上的款识"维忠武侯,识其大者。仗义履正,卓然不舍"等诗句也强调了诸葛亮忠诚和智慧的象征意义。现藏于北京故宫博物院

然与平和。诸葛村口有一座丞相祠堂,是村人共有的宗祠。宗祠背靠小山,面对池塘,本来依山傍水,风景独好,偏偏在正门前筑了一道墙,只在两侧留了小门供人们通行,出入都不太方便。为何会有这样的设计呢?原来宗祠坐落的地势前低后高,从风水学角度看,属于伏虎形格局,正门则似虎口,而正对祠堂的住户恰巧是当年把田地卖给诸葛大狮的人家,宽厚的诸葛后人在祠堂前筑起围墙就是为了挡住虎口,也借以报答让地之恩。这种做法,正是对《诫子书》倡导的德行兼备、知恩图报的有力践行,也是当代人立身行事理应效法的准则。

  如今在诸葛村的诸葛亮纪念堂,每每还能听到孩子们诵读《诫子书》的琅琅之声。淡泊明志,宁静致远,这流芳千古的名言,世代推崇的《诫子书》,依然值得我们世世代代流传下去。

名句赏析

亲贤臣，远小人，此先汉所以兴隆也；亲小人，远贤臣，此后汉所以倾颓也。

亲近贤臣，疏远小人，这是西汉兴盛的原因；亲近小人，疏远贤臣，这是东汉衰败的原因。

赏析：

这是诸葛亮《出师表》中的一句话。古代治国非常看重以史为鉴，总结前朝兴衰的根源为今所用，诸葛亮的这句话是他作为一位杰出的政治家最核心的治国理念之一。

所谓忠言逆耳，比干之于商纣，邹忌之于齐威王，是忠言直谏两个截然相反的事例，自古小人与贤臣永远是对立共生的，而能否辨别忠奸、造福国祚，则完全取决于君王。诸葛亮很清楚刘禅的能力，所以在不得不离开朝堂远征之际，他再三把自己的担忧告诉刘禅，晓之以理，动之以情。而真实的历史告诉我们，后主最终辜负了诸葛亮的一番苦心，将几十年的蜀汉基业败于己手。

· 名句赏析 ·

> 喜不应喜无喜之事，
> 怒不应怒无怒之物，
> 喜怒之间，必明其类。

高兴的时候，就不应该对不值得高兴的事情高兴；如果愤怒，则不应该对不会愤怒的东西愤怒。高兴与愤怒之间，一定要明白其中的区别。

赏析：

此句出自《诸葛亮集卷三·便宜十六策·喜怒第十一》，可以从两层含义理解这句话：

首先这是诸葛亮告诫后人的一种处世态度，即一个人的开心与愤怒一定要有所依据，不要喜怒无常，从而迷失自我，要修炼自己平心静气的品性，这呼应了《诫子书》中"宁静致远"的观点。另一层含义则是警示我们要善于主导自己的情绪，不要轻易在人前流露自己的脾气秉性。在那个战乱的年代，喜怒不形于色是两军交战的重要心理战术之一，比如我们耳熟能详的空城计，正是利用情绪、攻心制胜的典型范例。如果当时城楼之上的诸葛亮出现一丝恐惧和慌乱，被心思缜密的司马懿察觉到，那么他和城中的几千老弱病残都将成为司马懿的战俘，北伐大军也必会止步于此。

从三足鼎立到欧亚四强

中原逐鹿,各领风骚

诸葛亮生活的年代,群雄逐鹿中原,可以说,在181年到280年的一个世纪里,整个中国都处在统一与分裂的较量过程中,这便是历史上著名的东汉末年至三国时期,也是所谓的大争时代。这样的历史背景也成为历代文学家、艺术家创作的灵感来源,我们所熟知的文学名著《三国演义》以及由此衍生出来的各种戏曲、影视作品,各类人物传记、故事传说等都在中国传统文化中扮演了重要的角色。三国众人的历史形象、文学形象和民

·延伸阅读·

·192年
安东尼王朝灭亡,罗马进入混乱的"三世纪危机"。

·2世纪末
日本列岛上邪马台国兴起。

·225年
贵霜帝国在印度的统治结束。

·226年
波斯总督阿尔达希推翻安息帝国统治,建立萨珊王朝。

·263年
罗马西西里奴隶起义。

·267年
哥特分裂为西哥特和东哥特。

间形象交织在一起,一个个鲜活的人物让人痴迷,慨叹于他们不同的命运轨迹,与在时代洪流中的沉浮。与此同时,我们也会从不同角度融入自己的喜好和态度,这背后体现的是不同的价值观与人生观的选择。

比如曹操,他早期也曾有过匡扶汉室、维护正义的志向。可是自黄巾起义之后,天下大乱,整个东汉进入一种风雨飘摇的状态,此时曹操的志向发生了变化,他想要做东汉的征西将军;到了200年前后,曹操成就霸业的野心在看不到的角落里开始滋长;直至赤壁之战后,曹操的志向已经非常清晰了,那就是世袭权力、改朝换代!随着时局的变化和权力的扩大,曹操的目标终于发生了根本性的转变,他那句"老骥伏枥,志在千里。烈士暮年,壮心不已"的名言,正是他要干一番大事业的勃勃雄心。

曹操惜才,他深知只有用人得当,领导者才能毫无顾虑地开拓事业,所以他唯才是举、不论出身,只要有真才实学都可以在他这里谋个一官半职,即便是敌营招降来的,只要有价值也照用不误,这样的领导,还愁人才不蜂拥而至吗?人才吸引来了,怎么用也是关键。曹操知人善用,作风正派的官员就录用做干部,任劳任怨的官员就派去屯田,让人才在适合的岗位上发光发热。得益于优秀的人力资源管理,曹操军团发展壮大得异常迅速。

与曹操隔江相望的另一个政权首领孙权也是个有大抱负的人。少年时的孙权旷达开朗、温柔果断、崇尚侠义;追随兄长孙策时,他更是深谋远虑、懂得审时度势,极具君王之才。孙权重视学习,在北宋史学家司马光的《资治通鉴》中有一篇《孙权劝学》,讲了这样一件事:吕蒙是为东吴屡立奇功的名将,虽然军事才能杰出,但读书太少,孙权就劝他多学习,而吕蒙总以军务太忙为由搪塞。孙权说，我又不是让你钻研经书当博士去！只是让你粗略地阅读，了解一下历史。你再忙还能有我忙？并以自己为例，说"孤常读书，自以为大有所益"。可见，凡有抱负者，皆爱读书。曹操、刘备、孙权三人中，孙权的年龄最小，但在政治手段和志向抱负方面却不落下风，周瑜曾赞他拥有"神武之才"，刘备对他有"吾不可以再见之"的感叹，曹操也曾发出"生子当如孙仲谋"的称许。

彼时的政治格局，北有曹操、东有孙权，两大军团划江而治，诸葛亮放着两个更强大的政权不要，为什么偏偏选择势单力薄的刘备呢？这和刘备、诸葛亮的志向有关。因为刘备是汉室宗亲，所以他的志向一直是匡扶汉室，复兴刘家王朝，而诸葛亮常常自比管仲、乐毅，将二人奉为偶像。管仲帮助齐桓公复兴齐国，乐毅帮助燕昭王振兴燕国。诸葛亮是汉人，他的志向显然也是复兴汉室。因此，当他在隆中对刘备说出"自董卓已来，豪杰并起，……则霸业可成，汉室可兴矣"的共同理想时，二人一拍即合。这个共同理想，正是令诸葛亮甘愿鞠躬尽瘁的精神力量，支撑着他一生为蜀国尽忠、死而后已。

王羲之曾这样评价诸葛亮："诸葛经国达治无间然，处世而无玷累，获全名于数代。至于建鼎足之势，未能忘己，所谓命世大才，以天下为心者，容得尔乎？"在历史的长河中，所有的功业最终都会成为过眼云烟，再伟大的成就，都不如至善的德行更为人们所敬仰。因此，在三国时期，尽管英雄枭雄多如繁星，唯有诸葛亮的贤名经久流传，被视为君子典范，留下万世美名，在今天依然被人们崇拜和学习。

中古之初的世界霸主

此时的世界,又是如何模样?是否同中国的三国时期一样战争频繁呢?

我们都知道中国是四大文明古国中唯一一个历史和文化都绵延至今的国家,因此即使是政权割据、纷争不断的三国时期,中国的综合实力在世界上依然数一数二。此时的古印度、古埃及、古巴比伦早已湮没在历史的尘沙中,其他大陆不是步入了奴隶制就是还处在开蒙阶段,那么,放眼整个世界,就没有其他能称得上强盛的大国了吗?当然不是!

此时的世界版图上还有三个和中国并称欧亚四大强国的帝国,第一个就是从公元前27年起兴盛了400多年,横跨欧、亚、非三大洲的绝对霸主罗马帝国。虽然此时的罗马已经雄风不再,长期的兵祸使整个帝国处在严重的危机中,但凭借绝对的军事实力,罗马帝国皇帝依旧只用了2万军队就拿下了不列颠岛!当时的中国称罗马帝国为大秦,两汉时期开辟的丝绸之路并没有因为战乱被善于外交的华夏子民遗弃,罗马帝国虽然主体远在欧洲,但依然和我们有经济和文化的往来。

第二个是同样于公元前就诞生的西亚第一强国安息帝国,也叫帕提亚王国。因为同处亚洲大陆,安息帝国与我们在贸易上一直互通有无,汉武帝时还曾派遣张骞出使过该国。然而繁盛一时的安息帝国到了三国时期却已是强弩之末,并最终于226年被萨珊王朝取代。安息帝国自游牧民族起家,由于身上流淌着狂野与好战的血液,鼎盛时期的安息帝国一度敢与罗马帝国叫板!

第三个贵霜帝国是四大强国中年纪最小的"弟弟",成立时间约为我国的东汉时期，由于地理位置处在罗马、安息与中国之间的丝绸之路上，贵霜帝国与其他三国都有着贸易上的交流。魏明帝时期，大月氏贵霜王朝曾遣使来到洛阳，并被明帝赠了"亲魏大月氏王"的称号。

除了西北各地，东南部分的外交贡献则大多出自东吴。比如当时的朝鲜半岛，分为了高句丽、百济和新罗三个小国，由于地理优势，高句丽与东吴一直有着密切的政治和商业交流，《三国志·吴书》中记录孙权曾经派秦旦等使者出访，并受到高句丽的热情款待。特别值得一提的是，作为三国时期造船航海技术最先进的政权，孙吴军团通过频繁的海上往来，和许多兄弟民族及东南亚国家也建立了友好的关系。236年，孙权曾派诸葛直等人率兵一万，乘大船到达夷洲，这个夷洲正是我们今天的台湾。当时居住在那里的是高山族人，他们还处在部落政权之中，以耕种和狩猎为生，使用的工具是石器。孙吴船队的造访不仅带去了先进的生产技术和丰富的物资，还带领数千当地土著居民迁往大陆，这应该是目前史书有载的大陆和台湾最早的交流。

至于我们的另一个邻国日本，据《三国志·乌丸鲜卑东夷传》记载，当时的日本刚刚进入部落状态，出现了上百个小部落，他们一同推举了女王卑弥呼为共主，建立邪马台国，开始了与曹魏往来朝贡。然而由于文化经济发展程度的差异，我国的回赠往往要比他们进献的贡品更加贵重。比如魏明帝时期，卑弥呼曾派使者来洛阳，进贡了十名奴隶和一些麻布，而魏明帝回馈的礼物包括铜镜、黄金、白绢、珍珠……据说当时的日本使者根本运不走，是明帝派去宣诏的使者将剩余赏赐一并带了过去。

涵养千年清正家风
——颜之推与《颜氏家训》

人物小传

颜之推（531—约590以后），字介，北齐著名学者。祖籍琅邪。其所著《颜氏家训》以《论语》《孝经》等儒家经典为据，强调父慈子孝、兄友弟恭等封建伦理道德规范，以及维系此规范的家教、家法，是研究魏、晋、南北朝时期社会思潮的重要著作之一。

作为有着上下五千年文明的华夏民族，我国的文学著作遍及历朝历代，相对应地，我们的家规、家训也随着时代的更迭不断传承着。你知道吗？根据《中国丛书综录》的粗略统计，我国现存的家训专著，包括南北朝1种，唐朝2种，宋朝15种，元朝5种，明朝23种，清朝63种，这还不算散佚的和散布于其他文集中的，足可见其数量之庞大。

除了先秦的周公、孔子等口授形式的训诫之外，我国第一部思想成熟、体系宏大的家训就是南北朝时颜之推所著的《颜氏家训》，它洋洋洒洒几万字，从文学、教育、交友、养生、治家等方方面面，汇集了颜之推的人生经验和教子训言。颜氏后人在其指导下，涌现出许多名垂青史的大人物，如颜之推之孙、训诂学家颜师古，"翰墨之妙，莫之与先"的颜元孙，当然最著名的要数唐末大书法家颜真卿。

开"家训"之先河，树宗室之遗风。《颜氏家训》最大的意义在于它不仅培养出了许多优秀的宗族后辈，其对整个华夏民族的影响更为广泛和深远，宋代儿童教育课本《小学》，清代名臣陈宏谋的《养正遗规》，都取材自《颜氏家训》。《颜氏家训》是开"家训"之先河的一座里程碑，明代学者王三聘在《古今事物考》中称其"古之家训，以此为祖"。

历史上的颜之推生于战乱，命运坎坷，为人不拘小节又文采风流，一部《颜氏家训》既是他晚年对自己一生的回顾，也是对自己处世经验和劝诫子孙的总结。

读书
千篇一律中的一枝独秀

泱泱中华五千年历史中,姓氏可谓繁多而复杂,《百家姓》共收录了四五百个姓氏,但依然没有将中国的所有姓氏涵盖其中。在诸多姓氏中,"颜"姓绝对算是一个小众,但历史上的"琅邪颜氏"却是以诗书礼仪传家的高门望族。颜家声望最高的先祖是连孔子都敬佩不已的爱徒颜回,颜之推在自己的家训中也提到颜氏祖先多为孔子门生:"仲尼门徒,升堂者七十有二,颜氏居八人焉。"因此颜氏宗族理所当然以儒家思想为立身处世之本。儒家思想的核心观点之一就是做学问,所以《颜氏家训》中篇幅最长、含金量最高的就是"勉学篇"。

颜之推生于战乱年代,一生辗转不同君王之间,积极入仕,这是他作为一介文人安身立命、延续宗族血脉的方式,所以对于后代子孙追求功名,颜之推是持赞成态度的,但他依然强调读书最根本的目的是"开心明目,利于行耳",即开蒙心志,增长见闻,规范自己的言行举止。古往今来许多教育家在劝学方面提出的很多建议都有相似之处,比如读书要趁早、要持之以恒、要活到老学到老等等,他们或多或少都受到了颜之推观念的影响。今天,我们就来说说《颜氏家训》中那些不流于大众的,在当时很超前,在今日依然有借鉴价值的观点。

最早的胎教意识，与恩威并施的父母

随着医学科技的不断进步，胎教的观念越来越普及，越来越受重视。但你可能想不到，我们的古人早就有"胎教"一说，中国是世界上最早提出并实施胎教的国家，颜之推将它明确记载在家训中。

> 古者，圣王有胎教之法：怀子三月，出居别宫，目不邪视，耳不妄听，音声滋味，以礼节之。

古代君王的孩子从怀胎三月，准妈妈就要严格约束自己的所见所闻，饮食有章法，还有良乐的辅助，这些胎教方式和我们当代医学的指导已经非常相近了。

但在那个年代，除了达官贵人，普通平民很难有这样的待遇和条件，君王下面有指定的老师和仆从，而老百姓的启蒙教育只能来自家庭了。

在众多历史名人的家训中，我们吃惊地发现，古人对家庭教育的重视程度要远远高于教育水平发达的当今社会，父母会将抚养子女和教育子女的双重责任义不容辞地承担起来。苏联著名教育家苏霍姆林斯基曾提出这样的理论，他认为儿童就像是一块未经雕琢的大理石，想要把这块大理石塑琢成一座雕像，需要六位雕塑家，第一位是家庭，第二位是学校……你看，同样强调家庭教育的重要性，我们要提早了1400多年！

封建体制下，父亲在一个家庭中的地位，如同君王之于国家，具有不容置喙的权威性。但颜之推的家训中，却超前地提出教育子女要"身体力行"，还要严厉与慈爱相结合的理念。

父母威严而有慈，则子女畏慎而生孝矣。

回顾颜之推的童年生活，他的双亲就是这样教育兄弟几人的：每日清晨他们要给父母请安，整理父母的卧室，晚上要服侍双亲睡下后才能回自己房间，平日和父母交谈语调平和，行为举止也要恭敬大方。严厉又不失慈爱，会经常询问他们的喜好和志向，对他们的成长给予最大的鼓励和支持。

我们仔细思考一下就会发现，颜之推这种"恩威并施"的观点是非常有道理的。试想如果父母过分溺爱，孩子在家习惯了毫无管束的生活，走入社会必然会我行我素，直到被社会规则狠狠"教育"一番；但如果父母过于严苛，教育出的孩子又会走两个极端：要么变得没有主见，唯唯诺诺，性格也会过于凉薄，没有得到父母爱护的人，对于世界也难有一颗爱心；要么就会亲情疏远，长大叛逆，严重的还会形成反社会的人格。我们看许多社会报道，对于犯罪者进行心理分析，会发现他们大多有不幸的原生家庭。

影视剧作也会科普这样的结论，比如电影《结婚欺诈师》中，男主一直假扮挺拔潇洒、帅气优雅的军人，无论是举止、谈吐都毫无破绽。在影片后半段我们才知道，原来男主的父亲从小对男主施行的是军队式的体罚教育。这虽然培养了男主军人般的气质，却也让他形成了自卑的性格和对婚姻家庭的排斥，最终走上了欺诈的道路。

"知识产权"意识的觉醒

对于欺骗,我们的先人一直深恶痛绝,"礼义廉耻"是华夏民族的修身立德之本。在学习上,颜之推虽然提倡要相互切磋,但极力反对窃盗他人成果。

《礼》云:"独学而无友,则孤陋而寡闻。"盖须切磋相起明也。

我国从先秦时期就认识到闭门读书的弊端,一个人的认知和眼界注定有限,只有在学伴之间互相讨论、互相学习的过程中,才能扩展自己的学识。无独有偶,一千多年后的明代大教育家朱柏庐,他在日常教学中,也经常让学生互相讲论探讨,从而得出自己的观点,朱柏庐这种先进的教学方式,很难说不是受到颜之推的启发。

但颜之推生活的年代,国家已经处于分裂割据的大背景下,当时掌握着最优良学习资源的门阀士族正在走向没落,他们中大多数已经没有真才实学,但依然能身居高位,这又是为什么呢?

别看当时的门阀势力已经大不如前,但悠久的历史承袭和雄厚资本积累依然使他们呈现"百足之虫,死而不僵"的态势,他们依然可以凭借自己的财力、人脉,去雇用写手,去结交名士扩大自己的声誉,甚至盗用别人的观点和成就,据为己有,这让同为士族出身的颜之推感到非常可悲和气愤。

窃人之财,刑辟之所处;窃人之美,鬼神之所责!

盗取别人的钱财，法律会制裁你；盗取别人的成果，是连鬼神都要谴责的！把虚无的鬼神之说都搬出来，可见颜之推对这种不尊重人才的行为多么痛恨！他的这种观点或许称得上是最早的"知识产权"意识了。颜之推在家训中不但告诫子孙，采纳别人的建议一定要说明出处，不论这个人的身份地位如何，都应该得到应有的尊重。他还指出，阅读书籍，一定要谨慎选择版本，不要被"盗版读物"误导。

颜之推一生在朝为官，多年从事书籍校勘和编纂工作，因此他的文字校勘造诣非常深厚。在多年的实践工作中，他意识到文献的谬误不仅会贻笑大方，更会误人子弟，这种意识可以说是我们今日打击盗版、尊重正版观念的前身了。低廉的成本和便捷的推广途径使得当代文学艺术领域盗版泛滥，一些产品分明粗制滥造到令人"叹为观止"的程度，却依然有很好的市场和销量。盗版对正版的冲击，使得正版作品成本愈加高居不下，形成一个恶性循环。更严重的，如果当下青少年的知识来源只能是这些盗版产物，那未来的教育必将面临更严峻的考验，可见在打击盗版的路上，今日的我们依然任重而道远。

如果每篇文章都是一个血肉鲜活的个体……

因为看到了魏晋空谈虚无的风气导致了王朝的湮灭，而南北朝的士大夫依然沿袭着清谈误国、不学无术的世风，所以颜之推强调为人处世要求真务实，不要高谈阔论。在作文方面，他不仅推崇实用性更强的议论文，还提出了改革文风的思想。

> 文章当以理致为心肾，气调为筋骨，事义为皮肤，华丽为冠冕。

之所以称其为"改革"，是因为从魏晋直到南北朝，文坛上盛行的一直是浮靡绮艳的风格，在堆叠辞藻、斟酌声韵这些形式上下的功夫要远大于文章内容本身，颜之推认为这简直就是"舍本逐末"。其实从颜父开始，写文章就更注重内容的实用性。把文学作品比作一个人，中心思想是筋脉五脏，辞藻就如衣服，不过是外在装饰。这就像我们当代语文学科强调的写散文要"形散神聚"，无论形式多么洋洋洒洒，主旨一定要明确。但因为身处那个时代，颜之推的文学风格无法彻底脱离时下正统的骈文，也是有着客观原因的。

《颜氏家训》作为一部骈散结合的散文，与郦道元的《水经注》，杨衒之的《洛阳伽蓝记》并称北朝三大散文。它在传承散文薪火方面有着正面的意义，让散文在后世不至于断灭。在蕴含深刻教育思想的同时，又兼具极高的文学性、艺术性，全文句式多样，比喻生动形象。这些都归功于颜之推自幼在书香世家中积累的丰富的文学素养，北齐《颜之推传》评价他从少年时就"博览群书，无不该洽；词情典丽，甚为西府所称"。

与此同时，《颜氏家训》又呈现亲切质朴的语言风格，内容极具实用性。颜之推没有用封建大家长的严厉口吻，而是从自身经验出发，只是希望以自己的经历让后世子孙在社会上少走弯路，至于后世如何实践，也不会追究。文章处处是他的生活阅历，但处处无他的身影。《颜氏家训》中的亲和力，是以往家训中所缺乏的，也是后世争相效仿的。

读人
一生三化,四朝称臣

一坛酒喝掉一个六品官

孟子云:"天将降大任于是人也,必先苦其心志,劳其筋骨……"翻阅史书我们发现,那些有所作为的大人物,往往逃不开艰辛的童年经历:舜的童年过着爹不疼娘不爱的生活,被父母打到离家出走;嬴政自幼就滞留在他国做人质;孔子3岁丧父,和母亲被正室赶出了家门,贫寒的生活一过就是十几年……颜之推也不例外,在他9岁那年,双亲相继猝然离世,一时间抚养颜之推的责任就落在了他的兄长肩上。

在颜氏明理尚德的家风下,颜家兄弟个个德才兼备,长兄颜之仪更是凭借高超的文学水平受到梁元帝以及隋文帝的重用,一生为官刚直,获得正色立朝的美名。但他对颜之推这个幼弟却是疼爱有加,事事以劝导为主,从不严加苛责。兄长过于宽容的抚养方式,使得青少年时期的颜之推沾染了狂放不羁、不修边幅的习气,还曾因散漫而不拘小节的个性耽误大事,直到他为官很多年后,才慢慢改正过来。

在西魏灭梁的同时,北齐正欲趁乱进兵江南,颜之推经过深思熟虑,计划先投奔北齐,再辗转回乡。北齐文宣帝高洋非常欣赏颜之推的才华,就将他留下做官,在高洋大规模巡游的时候,更是将颜之推带在身边。鉴于对颜之推办事能力的认可,高洋打算任命他为中书舍人,这是一个正六品的官职,将这样一个职位空降到他国遗民的身上,于颜之推无疑是莫大的荣耀。但当宣布任职诏书的官员段荣来找颜之推的时候,却发现他正在大营外喝得酩酊大醉,段荣将这个情景回禀了高洋,高洋于是说道:"既然这样,这件事就先放一放吧!"颜之推就这样和自己第一次的晋升机会失之交臂。

兄弟姐妹——值得交心的亲人

尽管青少年时的颜之推还略显顽劣,但他对兄长一直满怀感恩和恭敬,颜氏兄弟相依为命的生活经历使颜之推意识到亲人和睦对一个家族的重要性,他在家训中强调:"兄弟相顾,当如形之与影,声之与响。兄弟不睦,则子侄不爱;子侄不爱,则群从疏薄;群从疏薄,则僮仆为仇敌矣。"

兄弟是除父母之外我们在这个世上最亲密的人,兄弟之间的关照应如形影相随、声响相依,不离不弃。如果一个家庭中兄弟异心,后辈子侄也会受其影响关系疏远,进而童仆之间更加不和,那整个家族就会分崩离析,外人也就可以随意欺侮了。可见在颜之推的观念中,亲人之间的团结是维系一个宗族发展的关键,他还进而说道,许多人在社会中结交朋友倒可以推心置腹,为官对待下属也能以诚相待,为什么对于我们的亲兄弟却没有耐心、缺乏友爱呢?颜之推的这番话在我们当代依然振聋发聩、发人深省。

生当自惜,死已无惧

有别于同时代的其他观点,颜之推对生命持非常尊重的态度,他认为众生皆平等,他在家训中提到这样一件事:

据说有一个远房亲戚,他们家姬妾众多,但重男轻女严重,谁的产期快到了,就派童仆去看守,从门窗窥探,如果生了女孩,就会立即抱走,只留下母亲凄厉的哭声,实在让人不忍听闻!颜之推指出,虽然多数家庭不愿意抚养女儿,但那毕竟是他们亲生的,如果连自己的亲骨肉都能加害,未免过于残忍了,上天也不会福佑这个家庭。虽然重男轻女的观念在当今社会已经比较少见,但在那个封建思想统治的时代里,颜之推这种一视同仁的观点绝对是前无古人的。

除此之外,颜之推众生平等的超前意识还体现在,他认为无论身份职业高低贵贱,每个人身上都有值得他人学习的地方。

> 人生在世,会当有业:农民则计量耕稼,商贾则讨论货贿,工巧则致精器用,伎艺则沈思法术,武夫则惯习弓马,文士则讲议经书。

颜之推指出,农民专于耕种技术,商人精于买卖交易,工匠钻研手工技艺,武夫研习骑马射箭,文人则工于经书文章。三百六十行,行行出状元,各行各业都有自己的专业技术。

读到这有人可能会问:一千年前的孔子早就提出了"三人行必有我师焉"的观点,颜之推最多只能算老生常谈,哪算得上先进?这样问是因为你并没有看到重点!

之所以说颜之推这段话的思想超前,并不是在"行行出状元"这一点,而是在于他破天荒地将商人这个职业放在与农、工、士等同等的地位上一起讨论。要知道,华夏民族几千年来都是抱持"重农轻商"的思想,商人真正昂首挺胸起来是明朝的事。颜之推生活的南北朝正是门阀士族由盛而衰的时期,除了农业无法撼动的根基地位之外,文士绝对是占领主导的群体,彼时的颜之推能认识到商业、手工业的价值,是非常难能可贵的。

"众生平等"这个观点其实是源自佛家思想的,但颜氏祖上遵从的不是儒学思想吗?颜之推为什么在家训中既推崇儒家学说又提及佛学观念呢?纵观整部《颜氏家训》,其中不但融合了儒学和佛学,甚至还有道家的哲思,而形成这种看似矛盾的思想,还要归结于颜之推波折复杂的人生经历,或者说,颜之推本身就是一个复杂的矛盾体。

颜之推生于北魏衰亡之时,在隋朝初年去世,他的一生经历南梁、西魏、北齐、北周、隋朝五个朝代,他总结自己的经历"一生而三化",三化指的是侯景之乱、西魏破梁、北周灭齐,可以说分裂与战乱占据了颜之推的一生,不断地颠沛流离、死里逃生让他认识到了生之可贵和穷兵黩武的危害,也形成了忍辱负重、圆滑精明的性格。他一面以儒家"修身齐家治国平天下"的核心思想鼓励后代积极入仕,一面又用老子"和光同尘"的观点告诫后辈为人处世要中庸,学会"适度",切勿锋芒毕露招致祸端。

我国自古非常重视忠贞与守诚的品质,忠臣不事二主,何况颜之推辗转四朝为官,他的做法在当时以及后世中,都备受争议。但这样就将他定义成圆滑投机的小人,又失之偏颇。因为颜之推投靠北齐的初衷是想要借道返回南梁故国,只是没来得及动身,

侯景像

侯景之乱是颜之推一生中的第一个"化",同西魏破梁、北周灭齐一起构成了他颠破流离的背景

梁朝就覆灭了,他为长子取名"思鲁",正是为了表达对故乡的怀念。颜之推在家训中既倡导为了延续家族的香火要明哲保身,也强调为了家国大义必要时当挺身而出。

> 夫生不可不惜,不可苟惜。……丧身以全家,泯躯而济国,君子不咎也。

侯景之乱是颜之推人生经历的第一次灭国之祸,他亲眼看到在侯景的屠刀之下,没有一个前朝的王公将相可以保全性命。反观吴郡的太守张嵊一直坚决兴师讨逆,被俘后依然神色正然、毫不屈服。颜之推非常欣赏张嵊这种坚贞不屈的精神,在他看来,在国破家亡之际,与其苟且偷生,不如为国捐躯,这才是君子所为。

颜之推的这条家训深深影响了颜氏后人。唐末著名的书法家颜真卿兄弟就是舍生取义的榜样人物，在安史之乱爆发之时，颜氏兄弟心里清楚唐朝已经走向末路，但他们依然誓死抵抗叛贼，始终将国家大义放在首位。最终颜杲卿被肢解处死，颜真卿被缢而亡，他们用生命坚守着颜氏宗族舍生忘死的祖训，永远在时代的长卷中名垂青史。遗憾的是，后人对颜真卿书法造诣的推崇却远远高于其人格品质。

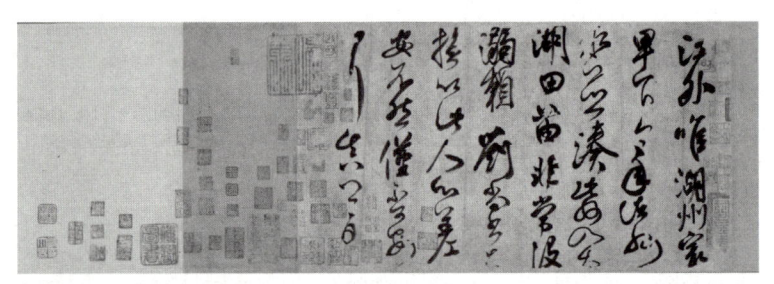

唐代颜真卿书法《湖州帖》

颜真卿为颜之推五世孙，也是受《颜氏家训》影响至深的颜家后人，最终与堂兄颜杲卿一起为保护家国大义而亡

· 名句赏析 ·

夫学者犹种树也,
春玩其华,秋登其实;
讲论文章,春华也,
修身利行,秋实也。

求学就像种树一样,春天可以赏玩它的花朵,秋天可以收获它的果实。讲经论文,就好比赏玩春日的鲜花;修身利行,就是获得了成果。

赏析:

  这段话选自《颜氏家训·勉学》,字面的意思很简单,就是阐明了做学问的意义所在,但用了一种形象的比喻修辞,用词生动优美,又简明扼要,强调求学是一件花费时间与耐心的大事,贵在持之以恒,前期的积累虽然艰苦,但采各家之所长,欣赏优美的文笔,也不无惬意,待到修身利行,方得正果。

· 名句赏析 ·

夫同言而信,信其所亲;同命而行,行其所服。

同样的一句话,人们更愿意相信自己亲近的人;同样的一个命令,人们更愿意遵从自己信服的人。

赏析:
  这句话出自《颜氏家训·序致篇》,告诉我们一个浅显却发人深省的道理,就是大家更愿意跟从自己所信赖的人。因此我们在推行某项制度,讲解某项道理的时候,生硬地发号施令远不如树立榜样更有效率。这也是为什么老师的千言万语,比不上父母的身体力行对孩子的引导作用更大。

读世界

阻断丝绸之路的蝴蝶效应

古罗马精神的不朽遗韵

整个世界的发展有其自然遵循的法则，就像在华夏大地处于南北朝由分裂走向大一统的时期，世界上的其他国家也面临着割据和纷争。说起与我国南北朝同时期的其他王朝，最著名的要数拜占庭帝国和萨珊王朝了。

拜占庭帝国其实就是罗马帝国分治后的东罗马帝国，从395年至1453年，拜占庭帝国历经千年，是欧洲历史最悠久的君主制国家，它的法律、文化、建筑、经济等各方面都对当时整个大陆及后世的发展产生了深远的

· 延伸阅读 ·

· 549年
拜占庭皇帝查士丁尼派兵援助黑海东岸反抗波斯的拉奇卡人，再度引发与波斯的战争。

· 558年
拜占庭军队大败进犯君士坦丁堡的匈奴人和斯拉夫人。

· 568年
伦巴第人在意大利北部建国，这是日耳曼部族迁徙中最后建立的王国。

· 593年
日本进入飞鸟时代。

拜占庭帝国的金银制品

影响。

　　拜占庭帝国的都城君士坦丁堡正是丝绸之路的终点，得天独厚的地理位置使之对于整个国家的贸易发展和资本积累都功不可没。丝绸之路彻底打通之后，中国的纺织品就源源不断地销往西域各地，而随着南北朝的到来，中国进入大混战时期，直到北魏分裂为东魏和西魏，西魏果断地打翻了东魏向西推动贸易往来的如意算盘。同时，南面的梁朝为了作战更是将大量民用船征来军用，这下向西经商的海上之路也变得举步维艰，一时间丝绸的价格飙升了数十倍，这一突发的变故令所有正在积累资本的欧洲国家措手不及，打仗打红了眼的中国万万没想到自己这个小动作几乎引发了一场世界性的经济危机。

　　穷则思变，为了摆脱窘境，各国君主各尽其能，有大肆垄断的、有巧取豪夺的，还有一位君主暗度陈仓，派人从中国偷学了纺

查士丁尼大帝和随从官员镶嵌画

织技术，然后在君士坦丁堡大兴纺织，使西方开启了养蚕的新纪元，这位君主就是赫赫有名的拜占庭帝国皇帝查士丁尼大帝。

历史上对查士丁尼的评价是鲜明的两个极端。作为一生爱吞并的战争狂人，他把大部分的钱财都花在了军备上，他的统治手段也极为铁血刚硬，被压榨的民众怨声载道，大大小小的起义此起彼伏；而另一层面，确实因为查士丁尼的不断扩张，他在位期间，拜占庭帝国的疆域达到最广，整个国力也达到鼎盛。

查士丁尼最大的功绩之一就是组织修订编纂了《查士丁尼法典》，这部法典奠定了民法学的基础，对欧洲法律的演变发展有着极为深远的影响。与此同时，这个时期的拜占庭帝国在建筑领域也有着非凡的成就，被誉为"改变了建筑史"的索菲亚大教堂正是出自查士丁尼时期的手笔，它历经1500多年的岁月流逝，见证朝代的兴衰、文明的传承，时至今日，依然如一位智者一般屹立在基督教圣城伊斯坦布尔。

民族大一统的黑暗前夜

纵观我国的古代史，我们的先人其实都是从朝代更迭的血雨腥风中一路走来的，战乱的时间要远远长于和平安宁的时期，但像南北朝这样长期分裂，持续了近三百年的纷争在漫长历史中却也是极为罕见的。

战乱带来的最直接影响就是势力的分化，政治观念的分庭抗礼，以及思想的融合共生。南北朝顾名思义，就地理位置而言，南朝偏于江南地区，曾经独揽大权的门阀士族此时势力渐弱，皇权比较强大，士大夫的社会地位虽然高贵，却已不能完全左右政局。随着江南开发的不断深入，南方汉人在政治上的地位逐渐上升，步入官僚行列，为皇帝所倚重，像颜之推这样的人才也才有了入朝为官的机遇。

侯景之乱后，江南地区的社会经济遭到毁灭性的破坏，加剧了南弱北强的形势。士族的腐朽无能不仅完全暴露出来，还加速了他们的衰亡。

北朝的演变则是以鲜卑族为代表的少数民族不断汉化和向南吞并的发展历程。说到北朝的历史，北魏孝文帝的汉化改革绝对是一座不得不提的里程碑。

北魏建国之初为了兼并统一，施行的多是残酷血腥的镇压政策。压迫必定会导致政治和民族矛盾的不断激化，直到孝文帝拓跋宏即位，各地起义依然层出不穷。为了平息矛盾、发展国力，改革已经箭在弦上不得不发。北魏的历代君主虽为鲜卑族，但都非常推崇汉族的文化和制度，于是，改革官制、实行均田、学习汉语、改换汉姓……经过孝文帝的一系列改革，北魏的政治经济得到了快速的恢复和发展，促进了整个民族的大融合，北魏迎来了真正的黄金时代。北魏之后的西魏利用侯景之乱的机会吞并大片南朝土地，国力陡增，为隋朝最终统一中国奠定了坚实的基础。

南北朝时宫中不但呈现少数民族和汉族同朝为官的景象，甚至还有专门的女官职位，古装剧《陆贞传奇》中的主人公就是以中国唯一的女相陆令萱为原型的。《陆贞传奇》以真实人物北齐武成帝高湛的时代为背景，虽然演绎了一段历史上不存在的感情故事，但剧中对北齐人文政治等的描绘，仍可令我们对于南北朝时的社会风貌窥见一二。

令人欣喜的是，虽然整个南北朝几乎都处于混战之中，但并没有影响文化、经济的发展。此时的对外交流依然兴旺，东到日本和朝鲜半岛，西到西域、中亚、西亚，南到东南亚与南亚，都留下了先辈们不断开拓的足迹。

江山易主、无家可依的生存现状给彼时的文人带来身心的极大冲击，他们在不断的求索中刷新自己的价值观。南北朝时儒家思想不再一家独大，儒释道三者处于相互影响相互渗透的状态，这一点在颜之推的思想和作品中都表露得非常明显。他的家训以佛教为内教，以儒学为外教，又吸收了老子清静无为的思想，提出乱世中为求自保，唯有趋于中品，不突兀冒进，才能免于灾难的观点。颜之推的思想是南北朝时整个士族文人群体思想的缩影。

绵延千年的传承典范

——钱镠与《钱氏家训》

人物小传

钱镠（852—932），五代时吴越国建立者，字具美（一作巨美），杭州临安人。唐末时期，先是镇压黄巢起义军，后击败董昌，于907年受封吴越王。在位时，大力发展经济、文化，使吴越地区繁荣发展。

> 利在一身勿谋也，利在天下者必谋之；利在一时固谋也，利在万世者更谋之。
>
> 心术不可得罪于天地，言行皆当无愧于圣贤。
>
> 子孙虽愚，诗书须读；勤俭为本，自必丰亨；忠厚传家，乃能长久。
>
> ……
>
> ——《钱氏家训》

一部绵延千年的《钱氏家训》，一个传承千年的文化"贵族"。钱氏家族自唐末开始，能人辈出，近代更是出现人才"井喷"现象。

钱玄同，语言文字学家，五四时期参加新文化运动，反对文言文，力倡白话文。

钱穆，近现代中国最重要的史学家之一，国学大师，毕生致力于弘扬中国传统文化。

钱锺书，现代作家，创作了经典小说《围城》，另外他的《谈艺录》《管锥编》等许多著作在国内外学术界都享有很高的声誉。

钱学森，中国"两弹一星"功勋奖章获得者，被誉为"中国航天之父""中国导弹之父"。

钱伟长,力学家,参与创建中国第一个力学系和力学专业,是中国近代力学的奠基人之一。

钱三强,核物理学家,中国"两弹一星"功勋奖章获得者,中国科学院院士。

还有生物学家钱煦,法学家钱端升,水利专家钱正英,化学家钱人元,音乐学家钱仁康,环境工程专家钱易,热工自动化专家钱钟韩,等等。

据统计,当代国内外仅科学院院士以上的,钱氏名人就有一百多位,分布于世界五十多个国家。有人总结,钱氏家族出了"一诺奖、二外交家、三科学家、四国学大师、五全国政协副主席、十八两院院士"。

汇百代先贤,成江南一门!

孟子曾言:"君子之泽,五世而斩。"历史上不乏名门望族,但多数在传承过程中逐渐衰败,其家训也消失在历史长河里。钱氏家族能够跨越千年延续至今,且人才荟萃,其背后所共同凝聚的精神力量究竟是什么?《钱氏家训》这部祖传的"名人修炼秘籍"到底有什么过人之处呢?

读书
惟谋大利,知行合一

"利在一身勿谋也,利在天下者必谋之"的格局

"千年名门望族、两浙第一世家"的钱氏家族是吴越国太祖钱镠之后。钱镠生于杭州临安,是唐末五代十国时期吴越国的开国君主。钱镠的人生颇具传奇色彩,据说他出生时天有异象,而且这孩子长得太丑了,父亲觉得不祥,准备把他扔到井里,祖母的及时阻拦保下了他的性命,所以小名就叫"婆留"。钱镠自幼学武,擅长射箭、舞槊,对神学预言一类的书也有所涉猎,曾为生计贩卖私盐,之后从军,屡建战功,得到朝廷的器重,923年受封为吴越国王,辖两浙"一军十三州"之地。死后朝廷赐谥号武肃,世称"武肃王"。

钱镠在位期间,守着自己的一方土地,闷头发展经济。他在太湖流域加固堤坝阻挡洪水,鼓励农民扩大田地,使"田无弃田"。在钱镠"促经济、保民生"的政策指引下,吴越国经济发展迅速,百姓安居乐业,于五代十国的战乱中,维持一派祥和安定,宛若"世外桃源",因此百姓都十分爱戴他。他对杭州的建设有开拓性贡献,改造西湖和围堰,修整江中的礁石,疏浚钱塘江水和西湖。没几年便使"钱塘富庶,盛于东南",历史上所称"打造苏杭天堂的巨匠"说的便是他。

"赵钱孙李、周吴郑王……",《百家姓》编写于北宋初期,"赵"

姓作为皇家姓氏自然是要排第一的,"钱"姓紧随其后位列第二,这个排名的取得拼的可不是"人数",而是"人气"。钱镠在位时,以善治国,以保境安民为国策,外交政策以向各国上贡求和为主。他去世前曾告诫后代,要"善事北方大国",要识时务,如果遇到真正的王者即纳土归降,以免生灵涂炭。后来,赵匡胤平定南唐,建立北宋,当时的吴越王钱俶尊承祖父钱镠的遗训,顺应时势"纳土归宋",用和平的方式结束了吴越国的历史行程。虽姓钱,却不恋权势地位,而以百姓生命财产为重,吴越国人感念钱氏国君"为天下谋利"的大局观,将钱姓排在了《百家姓》的第二位。

钱镠不仅治国有方,修身治家也是严谨有加。他依照自备的"起居注",两度订立治家"八训""十训"。后人在此基础上总结而成《钱氏家训》,世代相传至今。

说起家风还有一则有趣的小故事,钱镠与夫人吴氏非常恩爱,吴氏每年寒食节必回临安,住得久了,钱镠便要写信给夫人,表达思念之情。有一年寒食节吴氏又回了娘家,一天钱镠下班出去遛弯儿,看到西湖堤岸已是桃红柳绿,想起与夫人却是多日未见,甚是想念,回宫就提笔写下"陌上花开,可缓缓归矣"。寥寥数语,却情真意切,既饱含无限盼归的深情,又不失对妻子的理解与包容,从另一个侧面反映了钱氏"相敬如宾"的家风,这两句也成为广为传诵的千古名句。

秉承家风,延续文脉,钱家在历朝历代都人才济济,成为当时的楷模。在宋朝时,钱家就被皇帝称为"忠孝盛大唯钱氏一族";清朝年间,乾隆皇帝亲赐钱家"清芬世守"的匾额;到了近代,在祖国的建设和发展征程上,钱家更是输送了大量的人才,为国家的繁荣富强做出了卓越贡献。钱氏家族究竟是如何做到"江山代有才人出"的呢？

《钱氏家训》中有一条非常重要的训言——利在一身勿谋也，利在天下者必谋之。有人说，《钱氏家训》与史上其他家训的区别之处就在于，它在微言大义的基础上，既强调"修身"和"齐家"的自我修养和家庭观，更提出了"平天下"的思想精髓。后辈子孙们在这一训诫的教导下，无不以为家国天下奋斗为人生目标，不计个人得失，始终无私奉献，才取得了令人瞩目的成就，这也是对目标高远、心性高洁的最好诠释。

"宣明礼教，读书第一"的教育模式

《钱氏家训》中最为人称道的，莫过于钱镠所倡导的"宣明礼教，读书第一"的教育理念。钱镠出身贫寒，自幼读书不多，事业有成后他深感读书的重要，常常手不释卷，他自知读书让他获益良多，便要求子孙们也应多读书、勤读书。"读书第一"成为钱氏家族繁荣至今的重要家训，诗书传家、教育立身的理念影响了一辈又一辈的钱家人。

不论身处什么年代，不论家境多么困难，对孩子的教育和引导从未放松是大多数钱家人的选择。清朝名臣钱陈群幼年丧父，母亲陈书是位画家，她勤俭持家，对子女的教育从不放松，曾在夜里一边纺纱织布，一边教子女读经吟诗。在她的精心培育下，清康熙六十年（1721）钱陈群高中进士，入朝为官。陈书后来画了一幅《夜纺授经图》，描绘自己夜深人静时一边纺纱，一边教孩子读经的情景，乾隆皇帝称赞这幅画"慈孝之意，恻然动人，足见陈群学

钱陈群像

问所自来也",并亲自为之题词。

  西汉大学者刘向曾言:"书犹药也,善读之可以医愚。"苏轼亦有云:"忠厚传家久,诗书继世长。"读书是安身之本,诗书是家风之源,它对于一个家族的家风传承,起着至关重要的作用。而每一个人的成长过程,又离不开家庭,不管走多远,原生家庭的影响往往会伴其一生,因此读书还在于父母的言传身教。钱其琛之子钱宁曾说过:"我要感谢我的父亲,他是个爱读书的人,也总是教促我们要多读书,是他让我们继承了钱家的这个传统。"这一源远流长的优秀家风,即是《钱氏家训》中所言"子孙虽愚,诗书须读"。可以说,除了有远大志向的指引,还要发奋读书,二者并重,才能真正将家训融入自己的生命,知行合一。

"兴启蒙之义塾,设积谷之社仓"的社会担当

《钱氏家训》有言:"兴启蒙之义塾,设积谷之社仓。"从字面意思来看,就是要子孙兴办启蒙教育的学校,广设救济他人的民间粮仓。再深入理解,我们既是"社会人",就应当有社会责任感,在力所能及之时投身到公益事业中,正如唐代诗人白居易所说的"丈夫贵兼济,岂独善一身"。

钱穆作为中国近现代著名的史学家和教育家,秉承了《钱氏家训》"办学育人"的家风。他一生讲学、办学,从小学到中学,再到大学,六十余年不辍。自20世纪30年代以来,钱穆深受国人尊敬,他在抗日战争时期撰写的《国史大纲》,至今都是清华大学推

钱穆像

荐给学生们的必读书籍。钱穆善于表达,讲课十分精彩,他在北大任教时,是有名的"网红"教授,操着一口无锡话,以演讲的方式上课,成为北大最受欢迎的教授之一。1949年6月,钱穆来到香港,看到很多赴港青年失业失学,无依无靠,踯躅街头,为了给他们提供求学的机会,钱穆便创办了一所学校,叫新亚书院。学校初创时,经费特别紧张,钱穆几乎将自己的家底都投了进去。学校招收的学生大多是从祖国内地来到香港的青年,他们有的家境不太好,没有能力缴纳学费,据说当时因为学校的宿舍不够,阳台、走廊、楼道都睡满了学生,全校学生将近百人,而实际所收的学费却只有应缴学费的20%左右。在如此艰难的情况下,钱穆还是坚持办学,因为他办学的目的并不只为年轻人提供学习的场所。在给老师吕思勉的信中,钱穆提到自己办学的一个重要目标就是"希

香港新亚书院钱穆图书馆

望在南国传播中国文化之一脉"。他为新亚书院确立的办学宗旨是"上溯宋明书院讲学精神,旁采西欧大学导师制度,以人文主义之教育宗旨,沟通世界东西文化,为人类和平社会幸福谋前途"。正是这样令人感佩的责任感,才使得新亚书院得以创立和发展。虽然书院的硬件简陋,但师资力量却非常强大。新亚书院还经常开办讲座,这些讲座对于扩大书院的影响、在香港弘扬祖国文化发挥了重要作用。

"山岩岩,海深深,地博厚,天高明。人之尊,心之灵。广大出胸襟,悠久见生成。珍重,珍重,这是我新亚精神。"这是钱穆所作的新亚书院的校歌。钱穆不求私利,为传扬中国文化、中国历史,努力兴办义学,这种公益精神,无疑是对《钱氏家训》最好的传承。

读人
学界"三钱",一脉家风

从吴越"纳土归宋"至今已经过去一千多年,历经朝代更迭,战火纷飞,许多大家族早已淹没在历史的长河中,钱氏家族的财富也早就不复存在了,他们是凭着什么延续千年兴盛的呢?难道不正是这千百年来一以贯之的家风家训吗?作为钱氏后人的人生指南,《钱氏家训》引导着他们不断勤学进取,在专业领域取得了骄人的成就,而他们的爱国精神与情怀更是令人敬仰,在这其中,最为人称颂的就是被誉为"三钱"的钱学森、钱三强、钱伟长。

说起这三位科学家,他们虽分别来自钱氏的三个分支——杭州钱氏、湖州钱氏和无锡钱氏,但却都是背着《钱氏家训》长大的吴越王后人。

著名科学家、"中国导弹之父"钱学森是杭州钱氏家族的代表人物。钱学森有一个堂侄名叫钱永健,是2008年诺贝尔化学奖的得主。

中国的"两弹一星"元勋钱三强和父亲钱玄同是湖州钱氏家族的代表人物。钱玄同是中国近代史上著名的思想家和新文化运动的倡导者,了解中国近代史的人,应该对他无比熟悉。

著名力学家、物理学家钱伟长是无锡钱氏家族的代表人物之一。钱穆是他的亲叔叔。钱伟长还有一位堂兄,就是我们熟知的文学家钱锺书。

荣耀西行,坚定报国

"国家杰出贡献科学家"钱学森我们想必都不陌生,这样一位伟大的科学家一定从小就天赋异禀吧?这你可就猜错了,钱学森小时候也是个普通的孩子。父亲钱均夫给他提供了一个无限自由的学习空间,他们家各处都有图书,孩子们可以随意翻看;钱均夫还会在周末带着孩子到大自然去游玩,注重培养孩子多方面的艺术嗅觉。钱学森自小就接触国画、西洋音乐等,还学过钢琴和管弦乐,受母亲的影响对古典诗词也很感兴趣,这些艺术爱好后来成了他生活里不可或缺的一部分。

1935年，钱学森以优异的成绩从上海交通大学毕业，并获得了公费留美的机会，进入美国麻省理工学院学习。临出国前，母亲特意为他买了《老子》《庄子》等关于中国传统文化的典籍，并嘱咐他："熟读这些书籍，可以对祖国传统的哲学思想摸到一些头绪。"母亲和父亲一样，都认为任何一个民族的特性和人生观，都具体体现在它的历史中。因此，精读史学的人，往往对祖国感情最深厚、最忠诚于祖国。父亲还根据家训为钱学森写了庭训："人，生当有品：如哲、如仁、如义、如智、如忠、如悌、如教。吾儿此次西行，非其夙志，当青春然而归，灿烂然而返。"寥寥数言，即成训导，让钱学森铭记一生。

在美国的20多年，钱学森不但在航空力学、火箭和导弹等相关领域都取得了傲人的成就，而且成了世界知名的空气动力学家，最后还在麻省理工学院和加州理工学院担任教授，成为当时最年轻的教授之一，美国也为钱学森提供了优越的工作环境和物质待遇。但身在美国的钱学森始终没有忘记自己的祖国，始终没有忘记报效祖国的愿望。远在国内的母亲每次写信时，都叮嘱他努力学习，好早日回国，钱学森始终把母亲的教诲牢记在心头。多年后，他几经辗转，终于回到祖国，投身于"两弹一星"的研究，为祖国的航天事业立下了不朽功勋。

冉冉少年志，拳拳赤子心

作为著名文史学家钱玄同的儿子，钱三强报考大学时却选择当一个"理工男"。原来在北大预科班学习期间，他第一次接触到了英国科学家罗素的《原子新论》，就激发了对物理学的浓厚兴趣，在聆听了著名物理学家吴有训教授"振动与共振"的主题讲座后，钱三强做了一个影响一生的决定，那就是放弃原来上海交通大学工科的选择，转而报考清华大学物理系，成为吴有训教授的学生。

  少年时光是孩子培养兴趣、确定兴趣的关键时期，钱三强在这个时间里有幸收获了来自物理的启蒙，这对他以后的研究方向起到决定性的作用，而父亲对于孩子兴趣无条件的支持更促成他最终选择了这门学科。清华大学毕业后，钱三强考取了巴黎大学物理学院，并被诺贝尔奖获得者约里奥-居里夫妇选定为原子核物理学的研究生。在这里他与夫人何泽慧一同研究发现了原子核具有三分裂和四分裂现象，并且在实验和理论上做出了科学全面的论述，这一现象被认为是"二战"以后核物理研究领域的重要成果，西方媒体甚至将钱三强夫妇称为"中国的居里夫妇"。法国科学院对钱三强的研究大为赞赏，并授予他法国物理学奖，希望吸收他为法国国家科学研究中心的研究员。面对如此待遇，钱三强并没有忘记亟待建设的祖国，因此他与夫人谢绝了法国的邀请，坚决返回国内。"科学没有国界，但科学家有祖国。"钱三强用自己的实际行动践行这句爱国誓言。临别时，居里夫妇在钱三强的鉴定书上写了这样一段话："由我们指导工作的人中，钱三强最优秀。"居里夫妇的高度赞扬成为钱三强在法国留学期间超强的学习能力和认真负责的研究态度最有力的佐证，他们把钱三强的名字刻在了居里实验室的墙上，作为后来的研究者和学子们学习的榜样，也让世界见证了钱氏家风教育下的又一硕果，感受到了中国人家族传承的力量。

弃文从理，异军突起

世界著名科学家钱伟长小时候家境并不富裕，靠他父亲和四叔钱穆在小学教书维持全家生活。但他们有着高雅的生活情趣，全家老少都爱好读书和音乐，这为贫寒的生活增添了许多乐趣。钱伟长的父亲去世比较早，有人劝钱伟长的母亲，叫钱伟长早点去做手工，赚钱来补贴家用，但母亲却说："我们再苦再累，也要让他读书，因为我们钱家的家风和古训是这么要求的，我一定要为我们钱家留下几颗读书的种子。"

钱伟长小时候经常跟在四叔钱穆身边，亲眼看到钱穆不知疲倦地刻苦读书学习、做学问，读书时的乐趣，简直胜过享用任何的美餐。在耳濡目染、潜移默化中，钱伟长也慢慢培养了热爱读书学习的好习惯，在文史方面的成绩尤为突出。后来在参加清华大学的入学考试时，钱伟长成了风云人物，是当时唯一一位历史和中文都得满分的考生。但他偏科很严重，物理只考了5分，英语考了0分，然而就是这样一个学习物理丝毫不占优势的人，却在入学时做出了"弃文从理"的决定。以钱伟长的成绩，几乎不具备入读物理专业的基础和条件，而且他本身文史成绩十分出众，如此决定让人难以理解。但是，钱伟长有自己的想法。

原来，他从广播里听到了九一八事变的噩耗，得知国家命运危在旦夕，于是决定用自己的努力为中国"造飞机、造大炮"。为了实现这个理想，就必须学习物理。尽管这个理由听起来十分孩子气，但却是钱伟长当时最真挚、最渴望的梦想。为了能读物理，据说他跑到系主任办公室一坐就是几天，当时清华大学的物理系主任吴有训一看到他就头疼。钱伟长坚决的态度最终打动了吴有训，让他顺利进入了物理系。

做决定容易，实现理想却并不容易，对于物理零基础的钱伟长来说，面临着怎样的困难是可想而知的，但他硬是凭借着刻苦努力，在和数学家华罗庚比勤奋的过程中一天天进步。他们比谁睡得晚，比谁起得早，就这样，华罗庚从最开始发卷子的文书被破格提升为助教，后来留学英国变成了大学教授；而钱伟长则从最初的差等生变成了班里数一数二的佼佼者，成为"中国力学之父"。2021年，钱伟长一篇发表于2002年的论文因为参考文献的第一句"本文不必参考任何文献"还上了网络热搜，网友们纷纷表示"失敬失敬"。

博览群书，好学不厌

钱伟长有一位被称为"民国第一才子"的堂兄——钱锺书，学界称其为"博学鸿儒""文学昆仑""20世纪最伟大的学者"。著名文学家吴宓曾评价他说："当今，文史方面的杰出人才在老一辈中，当推陈寅恪先生，在年轻一辈中应推钱锺书，他们都是人中之龙。"钱锺书的博学，始于他的阅读量，所谓"读书破万卷"用在他身上最贴切不过了，钱锺书一生到底读过多少书，恐怕没有人说得清。他不仅爱读书，而且有写读书笔记的习惯。有人说钱锺书记忆力超群，过目不忘，其实他哪有那么天才，他的爱人杨绛曾说："他只是好读书，肯下功夫，不仅读，还做笔记；不仅读一遍两遍，还会读三遍四遍，笔记上不断地添补。所以他读的书虽然很多，也不易遗忘。做笔记很费时间，锺书做一遍笔记的时间，约莫是读这本书的一倍。"据一位清华学生说，他在清华图书馆翻过的每本书里面都有钱锺书的读书笔记。钱锺书爱读书，而且不分种类，传统经典、杂学门类、英文原版等他都读，因此，博学的他，时而是学贯中西、治学严谨的大学者，时而又是诙谐幽默、文笔灵动的段子手。

  钱锺书的成就得益于他的两位父亲的教导。钱锺书刚出生时就被伯父钱基成抱养，"慈父"钱基成待人随和，也很宠爱钱锺书，因此教育孩子走的是"放养"路线。钱锺书小的时候不仅读《论语》《左传》等经史，还读了很多像《西游记》《水浒传》《济公传》这样的古典小说，不仅对他在文学方面有一定的启蒙作用，也养成了他天真烂漫的性格。钱锺书9岁时，钱基成病逝，生父钱基博便将他接回亲自抚养。钱基博是位"严父"，对钱锺书管教严格，教他系统研读古文名篇以及如何作文。他发现钱锺书有时说话"口无遮拦"，为了告诫他，便为他改字为"默存"，因为钱锺书只顾读小说，不温习功课，还痛打过他一顿。在父亲钱基博的引导和教育下，钱锺书发奋读书，考入了清华大学。两位父亲好学不厌的家风，对钱锺书的一生产生了深远的影响。

  近代教育家蔡元培也肯定家庭教育的力量，他曾在《中国人的修养》里写道："家庭者，人生最初之学校也。一生之品性，所谓百变不离其宗者，大抵胚胎于家庭中。"而钱氏家族一定是家庭教育的优秀典范，太多的优秀人物用他们的所思所想以及经历，在千年中演绎了传承的精神。

名句赏析

> 花繁柳密处拨得开,方见手段;风狂雨骤时立得定,才是脚跟。

能在花丛繁盛柳枝茂密的地方开辟出道路,才是真本事;能在狂风大作骤雨突降时站得稳,才算是立定了脚跟。

赏析:

  这段话其实强调了什么才是真正的能力和立身之本。所谓"乱世出英雄",和平安定的环境下,绝大多数人都会落于平凡。而真正遇到危机和灾难时,往往那些拥有强大的抗风险能力、稳定的心态以及灵活应变能力的人,才能力挽狂澜,扶大厦于将倾。

  人从来都不是生而知之,也无法生而拥有预知能力与巨大的能量,所以这句家训是警示我们,越是在轻松安宁的环境下,越要磨砺心智,增强抵抗危机的能力,这才是一个家族能世代立于历史长河而不败的精神源泉。

· 名句赏析 ·

> 小人固当远,断不可显为仇敌;君子固当亲,亦不可曲为附和。

小人固然应当远离,但绝不能公然与他为敌;君子固然应当亲近,也不能趋炎附势、一味逢迎。

赏析:

　　"亲君子远小人"是士族文人自古遵循的交友之道,而这段话给予了它更严谨的尺度。做人固然要正直,但两千年的儒家文化告诉我们,"圆润"作为一种境界却可以令我们为人处世更加进退自如。

　　小人善妒又爱报复,公然与之为敌会将自己置于被迫害的危险处境;君子虽然有值得我们学习的地方,但过于亲近和盲从容易蒙蔽我们的视听。所谓"君子之交淡如水",只有保持自己的本心,时常自查,取其精华去其糟粕,才是修身立德的正确做法。

读世界

科学界的苍穹之昴

苟利国家，何惧生死

在钱镠生活的时代，世界也发生着巨大的变化，西方的阿拉伯帝国逐渐失去了对非洲各省的控制，北方如今俄罗斯的土地上，建立了基辅罗斯，东方的日本开始进入平安时代，朝鲜半岛开始了为期478年的高丽王朝统治时期。而南边，从10世纪开始，大批伊斯兰教徒来到东南亚，让这里掀起了一股文学艺术的高潮，此后才有了泰国的寺庙和震撼世界的吴哥窟建筑。

伴随着整个钱氏家族追求自身成功的，是始终把自己同国家民族的命

· 延伸阅读 ·

862 年
东斯拉夫人留里克兄弟在诺夫哥罗德建立古罗斯国。

· **870 年**
日耳曼路易和秃头查理签订条约，瓜分了中法兰克王国，为法德意奠定了领土基础。

· **871 年**
艾尔弗雷德大帝成为英国国王。

· **882 年**
罗斯国迁都基辅，始称基辅罗斯。

· **911 年**
康拉德公爵被举为王，加洛林家族在东法兰克王国统治结束。

· **918 年**
朝鲜半岛进入高丽王朝统治时期。

运紧密联系在一起，并且在各个时代为人民、为社会创造价值的家风家训。无论是古代封王杭州的钱镠，还是近现代的诸位文坛硕儒、科技巨擘、国学大师，他们就像一颗颗明星，闪耀在不同年代的天空中。

现在，让我们来看看近现代的钱家"大拿们"生活的国内外又是什么模样。

20世纪四五十年代开始的第三次科技革命，极大地推动了社会生产力的发展，引起了世界经济结构和国际经济格局的变化，世界各国都在发展高科技，提高自己的国际地位，推动世界经济格局的多极化。而彼时的中国刚刚从枪炮与战争中站立起来不久，满目疮痍、百废待举，科技尤甚。国内专门的科研机构一度仅有30多所，全国科技人才一度不足5万人。废墟之上，"高楼"难建。国家亟待有理想、有本领、有担当的人才能够奋起直追，从各个维度来尽快缩短与发达国家的差距，于是众多爱国的科学家和知识分子克服种种困难千方百计返回祖国。

1946年5月，钱伟长回国；

1948年夏天，钱三强回国；

1955年10月，钱学森回国……

为了遏制中国的发展和进步，许多科学家回国不仅面临重重阻挠，甚至还有生命危险。钱学森在回国时，被美国诬陷为间谍，还将其全家软禁起来。美国一位海军次长甚至咆哮道："钱学森无论在哪里，都抵得上5个师，我宁可把这家伙枪毙了，也不让他回到中国！"

这些科学前辈回国后，为新中国建设做出了巨大贡献。

钱伟长参与创建北京大学力学系，这是中国大学里第一个力学专业；提出了一套完整、丰富、系统、科学的中国高等教育理论，还作为主要执笔者之一参与制定了我国"十二年科技规划"。

钱三强回国后，担任了原子弹研究技术的总负责人、总设计师，培养了一批从事原子核科学研究的人才，建立起中国研究原子核科学的基地。

而钱学森的功绩，则是直接将中国导弹、原子弹的发射向前推进了至少20年。

支撑他们完成这一切的，是报效祖国的一腔热情，是对学术的追求和对科研的挚爱。

身为人师，授之以道

说起钱三强和钱伟长，就不得不提到他们共同的恩师吴有训。他是中国近代物理学研究的开拓者和奠基人之一，被称为中国物理学研究的"开山祖师"。

1921年冬，吴有训考取公费留学生，登上赴美的轮船，两年后师从康普顿。康普顿是美国著名物理学家，他发现的康普顿效应被视为近代物理学发展史上的里程碑或转折点。但最初，康普顿发表的论文因缺乏更广泛的论证，并未得到学界的信服。之后他的学生吴有训又做了大量的研究和检验，最终以科学事实验证了康普顿效应。一时间，吴有训在物理界声名鹊起，他的论文被排在美国物理学会第135届会议的第一位。在美国物理学会第140届会议上，他一人就宣读了3篇论文。康普顿于1927年获得诺贝尔物理学奖，他在所著的《X射线和电子》一书中引用了吴有训的实验结

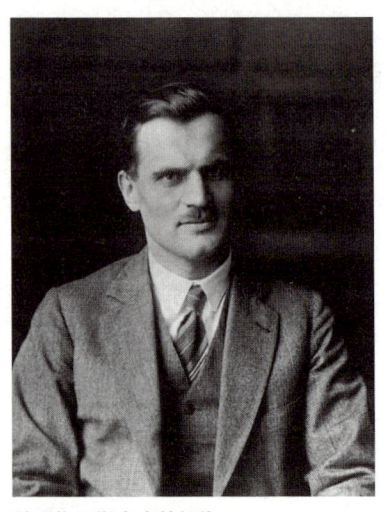

美国物理学家康普顿像

康普顿培养了中国的物理学家吴有训,而吴有训又是钱三强和钱伟长两人的恩师,他们的努力,奠定了中国物理学发展的基石

果,并认为这是康普顿效应最重要的实验基础,晚年他曾感慨吴有训是他平生"最得意的两名学生之一"。当时已获博士学位且留校任教的吴有训,面对美国更好的科研条件和更光明的前途,婉拒了康普顿的挽留,毅然选择回国,他说:"毕竟我是个中国人!"

1926年秋,吴有训回到祖国,在一穷二白的中国学术界"开疆拓土",培养了一批批物理学人才,钱三强、钱伟长、杨振宁、邓稼先、李政道等学者都曾是他的学生。中华人民共和国成立后,一大批科学家放弃国外优越的待遇,冲破各种阻力回到了祖国的怀抱。除了"三钱",还有梁思礼、华罗庚、朱光亚、邓稼先等等,他们把最好的时光奉献给了自己的祖国,完美诠释了爱国主义精神,并将其当作家风代代传承。

家是最小国，国是千万家，中华民族的家风之首就是爱国。"爱国"应是教育孩子永恒不变的主题，近代思想家梁启超在《少年中国说》中提道："故今日之责任，不在他人，而全在我少年。少年智则国智，少年富则国富，少年强则国强，少年独立则国独立，少年自由则国自由，少年进步则国进步，少年胜于欧洲则国胜于欧洲，少年雄于地球则国雄于地球。"天下兴亡，匹夫有责，每一位少年都应肩负强国的责任，心怀爱国的热情。这种家国情怀，激励着中国人在战争年代拿起武器保家卫国，在和平时期奋发进取兴家强国。

时至今日，在每一位中国人的努力下，我国已成为具有重要影响力的科技大国。嫦娥号探测器翩然落月，长征号火箭一飞冲天，雪龙号破冰船勇闯南极，高铁、5G、人工智能……日新月异的中国，未来可期！

北宋名臣的价值观

——范仲淹与《家训百字铭》

人物小传

范仲淹（989—1052），字希文，北宋政治家、文学家，苏州吴县（今江苏苏州）人。少时家贫，勤学努力，做官后以敢言闻名。他擅长诗词散文，所作文章富于政治内容，仅五首词传世，有"先天下之忧而忧，后天下之乐而乐"的名句传诵千古。

我们当下的高等教育，已经将各个学科门类分得非常精细，大学都在致力于培养高精尖的专项人才。但你知道吗，这种分科教育，早在唐朝的时候就已经出现了，而让这种教学方式形成体系并推广开来的，正是北宋的范仲淹。是的，你没听错，就是那位吟诵着"先天下之忧而忧，后天下之乐而乐"的范仲淹！

胸怀锦绣笔藏锋，一心为民文正公！想必我们大多数人对范仲淹的认知，都是来自课本中那篇必背的《岳阳楼记》。唐宋两代是中国文学史上公认的群星璀璨的时代，能成为北宋著名的文学家，范仲淹在文学方面的造诣是毋庸置疑的。但你可能不知道的是，除了胸怀锦绣之外，主持"庆历新政"的先驱者是他，发掘一代名将狄青的伯乐是他，以一己之力扭转宋夏战局，为北宋再次带来和平的，也是他！

青年的王安石是他忠实的迷弟，欧阳修是他变革的坚定支持者，著名教育家孙复、张载都得到过他的指导。范仲淹去世后，仁宗皇帝特赐谥号"文正"，这是宋代及以后的文人获得的最高荣誉，从宋初到清末将近千年的时间里，获得这个荣誉的不过寥寥二十几人。

范仲淹一生都投身于发展教育，在他的努力下，北宋出现了现象级的人才大爆炸，为国家输送了大批优秀的专业人才。有这样一位伟大的教育家做家长，可想而知他的子女们又能差到哪去呢？

范仲淹的长子范纯祐17岁时就跟随父亲奔赴宋夏之战前线，并亲自带领一队人马成功抢建大顺城，巩固防线；二子范纯仁的成就最高，哲宗时两次官拜宰相；三子、四子也是国家的股肱之臣。

范仲淹一直以"立德立功立言"的圣人标准要求自己和子女，他将自己的教育方针总结成《家训百字铭》。从这篇百字铭中，我们可以领略一代大家极深的文学造诣、高尚的人格魅力和先进的教学观念。

北宋郭忠恕《岳阳楼图》
郭忠恕是五代末期至宋代初期的一位画家，以精湛的界画技艺闻名于世。他的《岳阳楼图》描绘了岳阳楼在洞庭湖畔的景象，通过细腻的笔触和精准的结构描绘，展现了岳阳楼的庄严富丽

读书
散尽家财的"苦行僧"

《家训百字铭》篇幅精简、用词质朴，却蕴含着范仲淹一生教育思想的精华：

> 孝道当竭力，忠勇表丹诚；兄弟互相助，慈悲无过境。勤读圣贤书，尊师如重亲；礼义勿疏狂，逊让敦睦邻。敬长与怀幼，怜恤孤寡贫；谦恭尚廉洁，绝戒骄傲情。字纸莫乱废，须报五谷恩；作事循天理，博爱惜生灵。处世行八德，修身率祖神；儿孙坚心守，成家种义根。

"不孝"与"至孝"

"百善孝为先"，古人历来将"孝道"放在德行操守的首位，"孝"也是中华民族推崇至今的传统美德。但范仲淹在"守孝"这一点上，却做得并不算"合格"。为什么这样说呢？

宋太宗端拱二年（989），范仲淹出生于一个普通的官宦人家，祖上虽不是大富之家，但一直在朝为官。范家深厚的文学底蕴本可以让范仲淹从小接触书籍，快乐成长，谁知在他两岁时，父亲却突然离世了，范氏宗族更是狠心将他与母亲谢氏赶出家门。无依无靠的谢氏带着范仲淹在尼姑庵过了两年清贫的生活，直到后来改嫁苏州一个小文官朱文瀚，他们的日子才算安定下来。

不幸中的万幸，这位继父对范仲淹视如己出，对他的教育给予最大的鼓励和支持，可以说范仲淹少年和青年时期能无忧无虑地尽情读书游学，都要感谢继父的付出。但在范仲淹22岁这年，命运再一次给予他沉重的打击，范仲淹在读书时突然接到了继父离世的消息，也就是在这时，他终于从母亲口中得知了自己继子的身世，也明白了为什么其他兄弟对自己一直不算友好。于是少年意气的范仲淹决心自立门户，独自远走求学，就这样离开了朱家。

一生良善的继父没有等到范仲淹功成名就的回报，含辛茹苦的生母也没有享受到范仲淹承欢膝下。即使后来范仲淹在朝为官将母亲接到身边，谢氏也在范仲淹的频繁调任中不停奔波，直至病逝在途中。范仲淹每念及此，都会愧疚地落泪。

虽然再没有机会报答父母，但他把所有的关爱都给予了自己的后辈和族人。成年立业的范仲淹不仅向范氏认祖归宗，更是倾尽自己的家产资助贫苦的族人，为家族兴建义学，亲自写家规。可以说范仲淹将"孝道"发扬成了"博爱"，不是对自己的亲人尽孝，而是对整个范氏家族"尽孝"。

内而苦修，外而敬师

而说到"勤读圣贤书，尊师如重亲"，有人不禁要问，这不就是告诉我们要勤奋读书、尊敬师长吗？老生常谈的话题罢了！这里先问大家一个问题，你们知道"一日为师，终身为父"这句话的出处是哪里吗？

它最早出自《西游记》，是唐僧对孙悟空说的话，而《西游记》是在明代才成书的。也就是说，在明代之前，将老师视作自己父母一样尊敬，还没有成为普遍遵循的正统思想。这样一来，大家是不是理解了范仲淹这句"尊师如重亲"的划时代意义了？

纵观我们的历史，最出名的师生关系可以追溯到孔孟时期，孔子门生三千，个个对他毕恭毕敬，但本质上孔子办的是私学，那时的教学氛围也十分宽松，大家都是拜谒当时有声望的人，向他求教或者辩论，也没有严格的教育制度。在很长一段时间内，普通百姓没有办法得到教育，官员也采取举荐入朝制度，直到隋朝，才开始有了选拔人才的科举制度。宋初的国君看着良莠不齐的朝臣和百姓，也意识到了大力提拔人才的紧迫性。这个时候范仲淹站了出来，他以高瞻远瞩的见识，指出了当下科考制度和教育体系的弊端，一边向皇帝上书阐述自己的改革措施，一边身体力行地网罗名师、革新教育方式，使地方私学不断规范化。

北宋著名的教育家胡瑗正是在范仲淹的大力推崇下，从一个寂寂无闻的山野教书匠，成为与孙复、石介齐名的"理学三先生"。胡瑗开创的"分斋教学"是我国教育史上的一个里程碑，是当代文理工农等分科教学的前身。胡瑗根据人才的培养方向和个人兴趣爱好，将教学分成"经义"和"治事"二斋，经义主要学习"六经"要义，治事则是治民、水利、历算等专科知识，这样因材施教，可以有针对性地为国家培养更多实用型人才。

胡瑗刚执教时，吴中子弟大多散漫不服管，范仲淹就让自己的儿子范纯仁拜胡瑗为师。范纯仁作为地方长官的儿子，带头做到严格守纪、尊敬师长，其他学子也陆续效仿他，吴中学宫的风气被慢慢改善过来。

那范仲淹自己呢？说到对他仕途影响最大的恩师，非晏殊莫属。范仲淹在进士及第后，并没有一夜飞黄腾达，而是在地方辗转了十三个年头。直到仁宗天圣五年（1027），晏殊正好在应天府（今河南商丘）为官，他早听说过范仲淹的才名，就请他来应天府任教。第二年，也是在晏殊的亲自推荐下，仁宗才招范仲淹进京任职。虽然晏殊从未在学业上指导过范仲淹，但他一直将晏殊视作自己的恩师，即使后来政见不一致，范仲淹也始终对晏殊尊敬有加。

说起学业，历代有成就的名人，没有不刻苦学习的，流传于后世的故事也都深入人心：匡衡的凿壁偷光，祖逖的闻鸡起舞，王羲之的墨池洗笔……而在范仲淹身上，也有一个"断齑画粥"的典故。

故事发生在范仲淹20岁这年，为了获得更高的学识考取进士，范仲淹受友人的邀请，来到醴泉寺学习，寺里提供住宿，却不提供伙食，范仲淹的吃食都是每次回家时背来的，长途跋涉很不方便。于是他经常每天只蒸一小锅米饭，划成四块，每顿只吃一小块，再找一些新鲜的韭菜，蘸着蒜末、醋和食盐吃，凭借超人的毅力，范仲淹坚持了两年这样的求学生活，他不以贫贱为苦，积极向上的奋斗精神也是从那时逐步培养的。

国家如今大力发展教育事业，从教学环境到师资力量、教材改革，我们的学习条件比前人不知要优越多少倍，但校园始终是尊师重道的场所，进修学业永远是第一要务，这就更需要我们保持坚定，摒弃那些外来的物质诱惑和攀比之心，丰富的学识和实用的技能才是我们最宝贵的财富，更是未来在竞争中立于不败之地的利器！

念念不忘，必有回响

早年的求学经历培养了范仲淹甘于清贫的品质，在立业从政之后，他更是将"谦恭尚廉洁，绝戒骄傲情"立做范家的家风，不仅自己始终贯彻如一，也要求子女严格遵循。

在《宋名臣言行录》中记载这样一则轶事：话说范仲淹的儿子范纯仁到了娶妻的年纪，家里给定了一门亲事，但儿媳妇还没进门，她喜欢穿用绫罗绸缎的消息就传到了范仲淹耳中。范仲淹很生气，于是放出话去，说范家的家风淳朴，谁敢乱了范家家风，一定严惩不贷！这话传到新媳妇耳朵里，吓得她立马换了粗布素衣，范仲淹这才满意。不仅如此，据说范仲淹每晚睡前都会核对一天的开销，如果账目分毫不差，就可以安心入睡，如果对不上，就会整夜失眠，直到第二天对上账目才能安心。范仲淹自己一生节俭清贫，但对族人和朋友却慷慨大方。在他的言传身教下，他的子女也养成了乐善好施的品质。

范仲淹在睢阳的时候，一次派范纯仁到苏州用船运500斛小麦。停靠在丹阳郡时，范纯仁遇到了范仲淹的友人石曼卿，得知石曼卿因收葬亲人被困于此已经两月有余了，当下正身无分文、举步维艰。范纯仁随即自作主张把小麦和船只全部给了石曼卿，自己则另骑一匹马空手而归。回家后他不敢告诉范仲淹，只是在一旁低着头不说话。范仲淹主动问道："此去苏州途中可有遇到故友？"范纯仁赶忙回答："在丹阳郡遇到了石曼卿，他家里亲人亡故却无钱安葬。"范仲淹随即问道："为何不将小麦和船只赠予他？"范纯仁这才答道："儿子正是这样做的。"

瞧！范仲淹父子虽然事先互不知晓，但在遇到这样的事时，却能立即想到一起去,这不正是范仲淹多年悉心教导的成果吗?

除了对自己和家人要求严苛点,范仲淹对于人才唯贤是举,对于朋友族人友善无私,对于师长尊敬谦逊,真是一位恭良敦厚的老实人啊!如果你这样总结范仲淹,可就又太片面啦!他一生从政近四十年,仕途生涯可谓崎岖坎坷、屡遭贬谪,究其原因,还不是他这个上怼天下怼地的牛脾气!如果你见识了在"职场"上据理力争、寸步不让的范仲淹,一定会疑惑,这还是我们知道的那位写出"碧云天,黄叶地,秋色连波,波上寒烟翠"的大文学家吗?

读人
一生与皇帝"相爱相杀"

怼天怼地的耿直 boy

经过在当时北宋最高学府——应天府书院五年的苦读,27岁的范仲淹终于考中进士。而他第一个走马上任的,却是管理案件诉讼的小官。但他的认知里似乎就没有职位大小的区别,凭着一股初生牛犊的倔劲,范仲淹开始书写自己怼天怼地怼上司的光辉履历。工作中只要和长官意见不合,他必定据理力争,直到长官被说得哑口无言。每次审理完案件回家,范仲淹都会把自己的想法写在屏风上,当他调离那里时,整面屏风已经再无下笔之处了。

随着才能被更多的人发掘,范仲淹的从政之路也离中央越来越近，谁知这不但没有将他历练得更加圆滑老练，脾气反而越来越倔。

仁宗在位初期，章献太后依然把持朝政，仁宗对这位太后一直很尊敬，在太后寿辰之日打算携百官祝寿。范仲淹认为皇帝贵为一国之君，在朝堂之下尊敬长辈无可厚非，但带着一众朝臣跪拜有失国礼，就上书仁宗建议放弃朝拜。转头又写一封奏疏给章献太后，建议此时该还政于仁宗了。晏殊得知后大惊失色，告诫范仲淹这样做太冲动了，不但自己可能会丢官，也会影响提拔他的人。范仲淹虽然把晏殊当作恩师对待，但在这件事上却非常坚持自己的立场，冒着得罪恩师的可能写了一封长信反驳晏殊。而他的两封奏疏呢，自然石沉大海没有回复。

仁宗明道二年（1033），江淮地区发生了非常严重的蝗灾，忧国忧民的范仲淹自然是第一时间上书皇帝请求赈灾。没想到仁宗对灾情不闻不问，毫无动作。心急如焚的范仲淹也顾不得君臣之礼，拿着百姓果腹的野草质问仁宗："如果宫中停食半日，陛下要怎么办？如今百姓受灾，陛下为什么不赈灾？"历来刚硬直谏的名臣不在少数，但像范仲淹这种像批评孩子一样批评皇帝的臣子，简直就是提着脑袋和皇帝说话啊！

古语有云"吃一堑长一智"，但这话对于范仲淹可没什么用。在和仁宗"对着干"这条路上，范仲淹可谓走得是"义无反顾"！

还是在同年，后宫发生了一件让仁宗头疼的事，他的皇后郭氏和两位美人争宠，失手打了仁宗，仁宗一气之下想要废了郭皇后。范仲淹觉得皇后犯错固然当罚，但废后的惩罚太严重了，于是又给仁宗提意见，可后来郭皇后还是被废了，并在两年之后突然暴毙。范仲淹觉得郭皇后之死非常蹊跷，于是建议仁宗追查其真实死因。这一次，就连一向大无畏如他，也知道这么做要承担的风险之大，甚至会搭上自己的性命。所以在上书之前，他早把家中一切安排妥当，烧掉了珍藏的兵书，大义凛然地和长子范纯祐说："我如果不能胜利，必有一死！"幸运的是，仁宗听取了他的建议，真的查出了害死皇后的幕后黑手，范仲淹也因为此事声名大噪！

所谓"伴君如伴虎"，在那个皇帝一言九鼎的封建时代，大臣们哪句话说错了，都有可能招致杀身之祸，范仲淹这样屡次三番顶撞仁宗皇帝，为什么可以一再地得到仁宗的宽赦呢？这当然是因为纵观范仲淹政坛中的功过，功劳要远远大于过错，更何况所谓的"过错"，也不过是忠言逆耳罢了，历史上的仁宗皇帝虽然耳根子软没有主见，但绝非昏庸之辈，孰轻孰重他自然是拎得清的。

雷厉风行的"水利工程师"

范仲淹在北宋，绝对算得上数一数二的全才。他不仅文学上有极高的造诣，在青少年求学期间，更是采百家之长，精通"儒释道墨兵"五家思想，除此之外，他在建造、水利等专科知识方面也非常博学。36岁这一年，范仲淹做了人生中第一件造福百姓且名垂千古的大事——修建泰州捍海大堤。当时的他在泰州做官，一次登高远望时发现此地沿海的房屋常年受到海水倒灌的侵扰，但历来在此任职的长官却无一人想过治理水患。

时刻把百姓放在第一位的范仲淹说干就干，他通过实地考察，很快提出了翻修捍海大堤的解决方案。在得到朝廷批准后，范仲淹开始全力投身到修建大堤的工程中，他凭借自身丰富的水利知识，亲自设计图纸。大堤全长约90公里，修建工程前后一共用了三年时间，可谓声势浩大，修成之后泰州百姓终于脱离了海侵之苦，此地也得以重回鱼米之乡的丰饶。百姓为了感激范仲淹的贡献，将海堤命名为"范公堤"。

力挽狂澜的军事奇才

宋朝有很多标签，它创造了与唐诗齐名的"宋词"，它是文人的天堂，是平民的盛世，但宋朝也离不开战乱，与周边少数民族的纷争如同经年不散的阴霾几乎笼罩了整个大宋王朝。

仁宗宝元元年（1038），一直俯首称臣的党项首领李元昊在宋人张元的怂恿下称帝，建大夏国（也就是我们常说的西夏），并于次年出兵犯境，正式拉开了宋夏之战的序幕。

常年懈怠的宋兵不堪一击，战事之初几乎呈一边倒的局势，宋军被打得节节败退、伤亡惨重，此时仁宗又想到了范仲淹这位"救火员"，51岁的他临危受命，与好友韩琦一同调任到陕西的前线战场。范仲淹一到任，就雷厉风行地展开了诸如修旧址、建营田、招民兵等一系列整顿措施，与此同时他还发挥自己慧眼识人的专长，发掘提拔了一批优秀的将领，其中就包括北宋的一代名将狄青。范仲淹还积极招抚熟悉周边形势的少数民族，有他们的协助，范仲淹可算是占尽天时地利人和。

但战争并没有想象中那么简单。由于长期吃败仗，仁宗和一干冒进的大臣都主张主动出击，甚至包括范仲淹的好友韩琦都力主出兵。面对悠悠众口，只有范仲淹保持着最后的冷静，他力排众议，坚持以守为攻的策略。从仁宗康定二年开始（1041），宋军展开了几轮大规模的进攻行动，都以惨败收场，几乎全军覆没。这时仁宗皇帝才考虑范仲淹积极防守的战略。庆历二年（1043），西夏再次于定川寨（今甘肃固原西北）大败宋军，挥师南下，范仲淹及时领兵救援，迫使西夏军撤出边塞，得到消息的仁宗得意地对手下说："吾固知仲淹可用也！"也是从这时开始，宋军开始变被动为主动，西夏进攻的次数越来越少，直至李元昊和仁宗订立和议，再次向北宋称臣，历时四年的宋夏之战才缓缓落幕。

李元昊半身雕像

从临危受命到天降援兵，可以说范仲淹在整个宋夏之战中起到了扭转战局的决定性作用，如果不是他依靠杰出的军事天赋审时度势，坚定自己的战略方针，整个北宋的未来将难以预测。所以，即使说范仲淹几乎以一己之力使宋夏之战走向议和，也一点都不为过。

改革新政，首创义庄

如果说范仲淹一生中可以与宋夏之战比肩的功绩，那只能是庆历新政了。

在范仲淹近四十年的为官生涯中，辅佐最久的就是宋仁宗。

仁宗在位期间虽没有将宋朝推向鼎盛的丰功伟绩，但一生还算勤勉仁爱。在与西夏的战事平定之后，仁宗终于意识到了当时大宋危机重重的现实，也看到了范仲淹出众的治世才能。于是多次急召范仲淹入宫，意欲推行一次彻底的改革，态度和语气非常急迫。在这样仓促的背景下，范仲淹罗列了十条改革方针，从选官制度到农桑徭役，无一不全，写成《答手诏条陈十事》上书仁宗，仁宗将它作为诏书公示天下，轰轰烈烈的改革就这样开始了，这就是历史上著名的"庆历新政"。

但因为改革推行得过于仓促，许多措施虎头蛇尾，根本不完善，更严重的问题是，范仲淹的改革从本质上动了绝大多数官员和权贵子弟的利益，加上仁宗皇帝对于新政的推行并不积极，"庆历新政"只实行了短短八个月，就以几乎没有任何进展的结局惨淡收场，除了范仲淹主动请辞，其余改革的主要参与者几乎全

宋仁宗赵祯坐像

部被罢免降职。

时光匆匆催白首，时间来到仁宗皇祐元年（1049），此时的范仲淹已经61岁了，在山水宜人的杭州任职。眩晕症和肺病的折磨使他的身体每况愈下，范仲淹这时也有了隐退之意，他的宗族子弟就劝他何不趁此时为自己置办一处府邸养老，一心推行教育的范仲淹则不以为然。他和自己同父异母的兄长范仲温商议，决定捐出自己的全部家当，在苏州购置土地，兴办家族义庄，开设义学。就这样，由范仲淹出资，范仲温出力，范氏义庄这个新生事物在苏州拔地而起了。范仲淹还亲自为范氏宗族制定了族规。范仲淹就这样一生践行自己"立德立功立言"的圣人准则，遵循儒家"修身齐家治国"的崇高思想，将自己最后的心力都奉献给了整个宗族，一年后，范仲淹就在苏州老家与世长辞了。

范氏义庄不仅荫庇了后世几代宗族子孙，义庄义学的兴建本身也是具有划时代意义的存在，它开启了后世宗族兴建义庄、资助族人的先河，此后的中国兴起了大大小小无数义庄，盛况一直延续到了民国时期。

· 名句赏析 ·

字纸莫乱废，须报五谷恩。

写字的纸张不可随便丢弃，要珍惜粮食五谷。

赏析：

  古人对于纸张的珍视几乎到敬畏的程度，这是因为在蔡伦发明造纸术之前，文字的记录是一件非常繁复和困难的事情，其实即使在纸张发明之后的很长一段时间，纸都是稀缺之物，只有贵族才用得上，普通百姓是见不到纸的。物以稀为贵，所以古代是禁止随意丢弃和浪费纸张的。

  民以食为天。作为中华儿女，中国历来视农业为民生之本。相传炎帝神农氏发明了刀耕火种，教导子民垦荒种谷，才有了华夏儿女的繁衍。珍惜粮食是我们从古至今都在遵循的传统美德。杂交水稻之父袁隆平院士被当代人冠以"当代神农"的美誉，正是从侧面反映了中华民族对于农业的重视。

· 名句赏析 ·

> 儿孙坚心守,成家种义根。

后世儿孙一定要牢牢坚守(以上的家训),发扬光大范氏的祖业,播种大义的根基。

赏析:

我们的古人深知"创业难,守成更难"的道理。范仲淹从早年辛苦求学到平步青云,可以说只凭自己的打拼,不靠任何门路和捷径。但当他事业有成,却倾尽自己的财力为范家后世创造更好的学习和生活条件。他深知自己从一介平民到官至宰相经历了何种的艰辛与挫折,所以他告诫自己的子孙,一定要守住范家的基业,并继续发扬光大,这甚至比范仲淹当年的所为更具挑战性。每代的子孙都要稳固家族的根基,严格遵循祖训,这绝不是嘴上说说而已的小事。

范仲淹的几个儿子,甚至到五世孙,都有人在朝为官,可见他的家训被执行得很好。而范氏义庄更是绵延运作了八百年之久,直到清朝末年。

中古世界第一强

俯瞰世界的"霸道总裁"

不知道你们有没有这样的困惑，尽管宋朝诞生了与"唐诗"比肩的伟大文学瑰宝"宋词"，科技和经济也达到了空前的鼎盛，一幅《清明上河图》愈加展现了北宋的繁荣祥和之景，但一提起宋朝，我们还是会给它扣上"弱宋"的帽子。

这大概是因为，两宋的三百多年间，边境的侵扰就从未间断过，屡吃败仗的战绩把宋朝塑造成了一个天天挨打的受气包形象，众多词人忧国伤怀的作品更是为大宋渲染了一层沉郁

· 延伸阅读 ·

· 987 年
法兰西大贵族休·加佩被贵族推举为王，法国开始加佩王朝的统治。

· 1016 年至 1054 年
雅罗斯拉夫一世在位，基辅罗斯的强盛时期。

· 1017—1028 年
丹麦人卡纽特先后成为英格兰君主、丹麦国王和挪威国王，由此组成一个跨越北欧的卡纽特帝国。

· 1024 年
德国历史上的法兰克尼亚王朝（也称萨利安王朝）建立。

的底色。

但如果你将宋朝放在整个世界格局中比较，就会发现它非但一点都不弱，甚至是当时任何一个国家都无法望其项背的绝对霸主。

中国两宋开始的时间（960年）对应的正好是欧洲的中世纪，欧洲真正强盛的法兰克王国此时已经走向了末路，只等着凶悍的日耳曼民族给予它致命的一击。法兰克王国分裂后，神圣罗马帝国（962年奥托一世加冕称帝为帝国之始）取而代之，但这个帝国是由许多松散的同盟国构成，它们相互制衡，没有谁能称得上绝对的老大，东面的拜占庭帝国更是呈现一片低迷的态势。

中东这边，阿拉伯帝国分成了三个大食，三个大食内部还在继续分裂；同时期的日本也好不到哪里去，平安时代和镰仓幕府时代无休止的战乱使得日本举国上下动荡不安，此时的他们不敢造次，更没能力造次。

放眼世界，大宋王朝无论是经济、军事，还是文化、生产，整体实力都稳居第一，先进而灿烂的华夏文明深深吸引着世界各国的目光，彼时的中国以一种"霸道总裁"的姿态向世界传播着他的文明成果。正如英国的历史学家阿诺德·汤因比在其著作《人类与大地母亲：一部叙事体世界历史》中所说："10世纪、11世纪、12世纪的后起蛮族，也强烈地为中国（宋朝）文明所吸引。除了自身采纳中国文明，他们还在自己统治的领土上传播了中国文明。"

前人栽树，后人乘凉

宋朝之所以能涌现大批光耀千秋的文学巨匠，流传许多经典

宋太祖赵匡胤坐像

的传世之作，很大层面要归功于宋朝历代皇帝对教育的支持、对文人的厚待。太祖赵匡胤虽然以刀兵夺取了政权，却能及时止损，通过"杯酒释兵权"，彻底打压了武将的气焰，而给予文臣更通达的晋升之路，太祖之后的历任皇帝也非常重视文官的选拔以及文制的革新。而北宋教育的觉醒，当从范仲淹始。范仲淹终其一生都致力于教育的振兴，他一生宦海沉浮，每调任一个地方，就在当地大力兴办学校、培养人才。但你知道吗？真正切实推动宋代教育发展更上一层楼的最大功臣，是雕版印刷术的发明。

在东汉蔡伦发明造纸术之前，文字都是由刀刻在竹简上，不但耗费成本，阅读与运输也极为麻烦，所谓"汗牛充栋"，事实上也真的放不下几卷书。直到雕版印刷术于唐代兴起之后，大大降低了书籍的成本，普通百姓才有了获取知识的途径。

如果说雕版印刷术的发明给予百姓接触书本的机会，那么隋朝科举制度的诞生才真正给了他们一条从草莽走入庙堂的阶梯，打破了"寒门难出贵子"的禁锢。在此之前很长一段历史长河中，受教育的机会几乎是被统治阶级和官宦子弟垄断的。我们都知道孟子是春秋战国时期著名的思想家，而事实上孟子的先祖是没落贵族，所以他才有机会接触大量书籍。西汉著名的史学家司马迁，其祖上世代管理"皇家"图书，他承袭先人的官职，掌握大量史料和资源，这才是"史家之绝唱"得以问世的最直接原因。

到了唐代，科举制度的变革将进士的甄选提升到了空前的难度，但也正是文人水平的大幅提高，才使得"唐诗"这一中华文化史上最灿烂的瑰宝应运而生。唐朝覆灭后，华夏大地进入五代十国朝代更迭、民不聊生的混乱年代，求生成为第一目标，教育自然被抛之脑后，官学更是废弛殆尽，只有民间私学和各种书院还在为教育的延续留下星星火种。

前朝文人朝不保夕的悲惨境况被宋太祖赵匡胤铭记在心，他登基后，立下了"不杀读书人"的祖训并代代相传。此外，宋代大力改革了前朝的科举制度，拓宽了草根进入仕途的方式，一改前朝颓废的风气，更多的文人受到鼓励、发愤图强，将报效国家当作头等大事。宋太祖的做法，造就了中国历史上除汉代外又一次文化高峰。不仅影响了以后的元明清三代，也影响了整个中华民族的精神风貌。

除此之外，宋朝学习场所的遍地开花也是推动文化振兴的重要因素。宋代的教育制度基本沿袭自唐代，当时的教育机构大致分为官办和民办两类，官方有以国子学、太学为首的官学，民间则是各种私塾和书院。北宋初年战争频仍，这就导致虽然民间办学的热度很高，基数也很庞大，但整体水平和规模依然无法与官学相提并论。官学就好比我们现在的市级和国家级重点院校，有着最好的硬件设施和最精英的教师团队，其中的名校之首当属应天府书院，无论规模还是成就，都是绝对的一家独大的姿态。举国的学子都以进入应天府书院求学为考取功名的最佳选择，我们的主人公范仲淹正是在这里苦读了五年，一朝金榜题名，并在多年后重回应天府任教，才获得面见仁宗的机会，从而开启了自己的仕途。

既知爱，更知教
——司马光与《温公家范》

人物小传

司马光（1019—1086），北宋大臣、史学家。字君实，号迂叟，陕州夏县（今属山西）涑水乡人，世称涑水先生。司马光学识渊博，史学之外，还精通音乐、律历、天文、书数等。生平著作甚多，主要有史学巨著《资治通鉴》以及《温国文正司马公文集》等存世。

自古对于那些治理一方、勤政爱民的好官，我们有一个亲切的称呼——父母官。或许在皇帝眼中，他们是辅助自己的得力帮手，但在百姓心中，他们的作为都切实关乎自己的生活乃至生存。能真正做实事、利百姓的官员，百姓往往将他视作自己的亲生父母一样敬爱，当他离世时，百姓也会像追念自己的亲人一样哀痛。比如北宋时期的一代名臣司马光，民众在得知他离世的消息时，都自发地罢市前去吊唁，一时间京城之中拥满成千上万的人夹道哭送。大家捧着纪念司马光的画像，不由得想起六十多年前，同样盛传一幅画，画上一位六七岁的少年手捧大石砸破水缸救出自己的同伴，这是这位司马大人第一次为京城百姓所熟知！

砸缸救友显急智，一本《通鉴》知古今！由于《资治通鉴》的光芒太过耀眼，后世往往忽视司马光在北宋做到宰相之职所创造的政治成就，但北宋人民从来没有忘记！在皇帝眼中，他敢于直言上谏，又忠心耿耿；在同僚眼中，他老实又固执，对升职加薪毫无兴趣；在子女眼中，他严格正直、恭勉清廉；在百姓眼中，他亲和勤政、为民造福……

司马光一生虽然史学成就最高，但在诗词大盛的社会背景下，同样创作了许多文学水平极高的诗作。除此之外，司马家一直秉承恭俭温良的家风，司马光在晚年不仅特意写下

《训俭示康》来教导儿子司马康要崇尚俭朴，更著有专门用以家庭道德思想教育的《温公家范》。他编修的《资治通鉴》是当时及后世上到国君下到群臣大力推崇的治国教科书，与司马迁的《史记》并称"史学两司马"。

在这一部部著作中，我们不仅可以学习到司马光作为一家之长的教育理念，也能领略他作为一代贤臣的治国之道。

位于山西运城夏县禹王乡小晁村的司马光砸缸雕塑

读书
以勤俭诚实为准则，视高官厚禄如浮云

要真节俭，不做假样子！

我们知道每个姓氏的由来都有它的历史背景，比如司徒、司空、司马这三个姓氏，原是古代的官职，因为司此官职的人有大功，所以皇帝特别准许他们用官职来做姓氏，由此可见，司马光的祖上必定来头不小。

事实也的确如此，司马家的先祖司马孚是西晋奠基人司马懿的弟弟，司马氏在当地一直有很高的声望。后因五代时的战乱家道中落，直到司马光的父亲司马池这代，司马家族才再次成为赫赫有名的高门望族。

司马池早年丧父，从小就发愤读书，父亲离世时为他留下一大笔财富，但他把这些钱财全部上交家族公用，立志通过自己的努力考取功名。司马池以俭朴勤勉的作风教导子女，子女们也将这种家风世代传习下去。

司马光一生承袭父亲清廉高洁的品质，即使后来位居宰相，也不改家风，从来都是用最普通的家常便饭接待宾客。他在《训俭示康》中专门说道："吾本寒家，世以清白相承。"

宋代的综合国力相比前朝，有着质的飞跃，但史学历来评价大宋积贫积弱，这是因为多代的统治者都安于享乐而疏于壮大国力，在他们的影响下，封建官僚阶级中普遍弥漫着骄奢淫逸之风，

司马光在《训俭示康》中讲到，当时的士大夫家，招待用的酒必须是皇家酿造，水果必须是珍稀之物，菜品必须种类丰富，而餐具必须摆满整桌，否则大家都会非议这个人小气、没见过世面，这是多么恶劣的风气啊！

司马光在文中特别列举自身的事例来讲勤俭，说自己从小就不喜欢铺张，衣着用具都力求简朴。20岁那年高中进士，当时参加喜宴的其他学子都佩花，只有他坚决不戴，后来同期的人提醒他，花是君王御赐，不能不戴，他才勉强把花插在了帽檐上。

司马光在潜心编修《资治通鉴》时，一应资费都由国家赞助。在整理到宋朝临近的朝代时，由于史料越发庞杂，大大影响了司马光著书的速度。这时本就嫉妒司马光拿着朝廷赐金撰书的人开始谣传他因为贪图钱财故意拖延时间。而真相却是，国家的拨款司马光从来就没领过，而且为了节约用纸，他的草稿纸都是用过的废纸，司马光先用淡墨将原来的字迹涂掉，待纸晾干后再写上书稿。

司马光在《训俭示康》中特别指出，他的节俭完全出自本性，而不是为了沽名钓誉故意做样子："不敢服垢弊以矫俗干名，但顺吾性而已。"司马光这样说的本意也是教育子女，追求俭朴是顺从我们内在的品德，不能为了外在的虚名而假节俭装样子。

"笨鸟"先飞，一"击"成名

除了继承先父淳朴的家风，司马光在做学问上也始终贯彻勤勉好学的习惯。他弱冠之年就得中进士，毕生还完成了《资治通鉴》这样的巨著,连一代文豪苏轼都评价他的文章"文辞醇深,有西汉风",所以我们有理由相信,他的文学造诣肯定差不了。但司马光并不是从小就聪明过人的,恰恰相反,他年少的时候记诵能力很差,别人早早背下来的文章,他往往需要付出加倍的时间和精力去记忆。但司马光就是有一股不服输的精神,他学习刻苦而专注,常常废寝忘食。为了努力学习,司马光特意挑了一块圆木做枕头,取名为"警枕",熟睡翻身时,圆木就会来回滚动,圆木一滚动,司马光就会醒来,然后就不再睡了,而是披衣起床,继续读书。当然,我们只是敬佩司马光刻苦的精神,但他以牺牲休息为代价的做法,却不值得我们效仿。学习不是一蹴而就的,充足的休息,才能为学习提供更充沛的精力。

司马光对于读书有严格的要求,他每天会制定翔实的学习计划,并严格规定自己的学习进度,这样的习惯坚持了一生。也正是这种顽强的韧劲,才使他能十九年如一日苦修《资治通鉴》而不停。在《温公家范》中,司马光列举了唐人柳公绰的例子来阐述学习要持之以恒的重要性,他提到柳公绰总是在掌灯以后,就着烛火考校子弟们的功课,依次读过一遍经史之书后,再为子弟讲解做官治家的方法——"烛至,则以次命子弟一人执经史立烛前,躬读一过毕,乃讲议居官治家之法。"

像这样用前人的故事来论证自己的观点,在《温公家范》中比比皆是,相对于苍白地表达自己的观点,旁征博引往往更能激发认同感。由此可以看出司马光在撰写《温公家范》时进行了深刻的思考,而这种夹叙夹议的写作风格,也正是司马光作为史学家独特的表达方式。

我国著名的文学家、思想家鲁迅先生曾经说过:"时间就像海

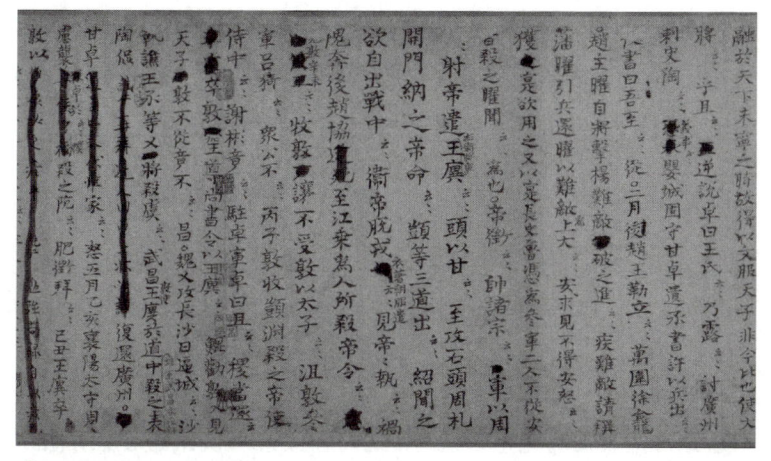

《资治通鉴》残稿（局部）

绵里的水，只要愿挤，总还是有的。"司马光用自己的言传身教在一千年前就告诉了我们这个真理。我们做学问当如此，做其他事也是一样，随着时代的发展，越来越丰富的娱乐项目让我们眼花缭乱，极大地牵扯着我们的时间和精力，致使"拖延症"在当今时代越来越普遍。"拖延"虽然不会直接导致失败的结果，但它更像一种隐秘的病毒，慢慢消耗我们的恒心和定力，一旦掉入"明日复明日"的恶性循环，我们终将一事无成、万事蹉跎。

天资平平的司马光之所以成年后能有非凡的成就，在于他有自己独特的记诵与思考相结合的学习方法。司马光6岁的时候，父亲开始正式教他读书写作，司马光早早就学会利用所有闲余和零散的时间读书和思考，经常"朝诵之，夕思之"。他善于对所学的知识进行积累总结并举一反三，相较于死记硬背，司马光更看重实践运用，这也是为什么在同伴突然跌进水缸的时候，其他孩子只会惊慌大叫,唯独司马光能冷静地采取实际行动,此时的他不过7岁。司马光的急智从家乡一路传到京师开封,许多画家以此为灵感,绘就了《小儿击瓮图》,一时间成为争相求购的热门。

"诚实"是我的座右铭

司马光是司马池的小儿子,他上面有一位年长13岁的哥哥,但这并不代表司马光生活在溺爱之中。父亲不仅在学习上对他勤于教导,德行操守更是从小就严加管束。

司马光5岁这年,一位亲戚送来了一篮子青核桃,小孩子都有嘴馋的天性,司马光缠着姐姐剥核桃吃,但姐弟俩费了半天力气也剥不开。这时母亲有事把姐姐叫走了,留下小司马光一脸郁闷地望着核桃。这时一旁的侍女提议,把青核桃煮一下或许有用,于是司马光和侍女烧开一锅水来煮核桃,果然,煮过的核桃皮一剥就掉。姐姐回来时正看到司马光津津有味地吃核桃,惊讶地问他是谁想出的办法,急于表现的司马光抢着说:"当然是我!"但他没有想到的是,父亲司马池完全知道事情的始末,他非常生气地训斥司马光:"你小小年纪就知道撒谎,抢别人的功劳,长大如何有诚信、做实事?"司马光从未见过如此严厉的父亲,惊恐之余也深深地感到羞愧,父亲那句"小子何得漫语"深深地印在了司马光的脑海中,"诚实"也成了他一生坚守的信条。

无独有偶,在距司马光生活的时代再早1500年的春秋末年,大思想家孔子的得意门生曾子也是诚实守信的典范。他的妻子为了安抚孩子,骗孩子说回来杀猪吃,曾子为了不让孩子从小就接触到欺骗的恶习，坚持把猪杀掉，因为他明白在孩子启蒙时期，为他树立正确的价值观会让孩子一生受益。曾子和司马光的父亲，二人的教子观点不谋而合，所以司马光特别将曾子杀猪教子的故事写到《温公家范》中，用来教导家族的后辈。

时世从不负英杰！通过多年的官场实践和不俗的政绩，司马光逐渐受到皇帝的信赖和赏识，仁宗嘉祐六年（1061），司马光被任命为宫中的谏官，专门在皇帝身边提意见。这对于忠心耿耿又只讲实话的司马光来说简直如鱼得水，他曾在三个月内创下上书二十多封的"战绩"，而且条条恳切、直击要害，使得仁宗对司马光更为看重，于是在第二年又擢升他为翰林院的知制诰。这个官职怎么理解呢？用现在的话讲就是皇帝的高级秘书兼顾问，专门帮皇帝起草诏令，需要很深厚的文学功底。要知道在那个时代，皇帝身边的官职是所有文臣梦寐以求的，因为它基本上相当于大宰相的预备役！

然而就是这样一个无数官员趋之若鹜的美差，司马光愣是请辞了整整九次！或者说，从接到任命的第一天开始，司马光满脑子想的就不是怎么干好，而是怎么才能不干！他在给皇帝的奏疏中说自己"章句之学，粗尝从师，至于文辞，实为鄙陋"，又说"自知文采恶陋，又不敏速"。作为杰出的史学家，司马光从小就对《左传》这类书籍更加感兴趣，他非常了解自己的优劣势，知道自己文章水平只能达到应付科考的程度，相对于舞文弄墨，还是更擅长著史。谏官的职责可以胜任，司马光就欣然接受，秘书的岗位超出自己的能力，即使俸禄再高、前途再好，也坚决不去！在他的一再坚持下，皇帝终于做出让步，命他还做回谏官，知制诰一职就不再勉强了。

司马光这种对自己认知明确，又不会被名利冲昏头脑，始终将国家的前途放在首位的无私真诚的精神，不正是他"诚实"这一人生准则最好的写照吗！

读人
知遇之恩，薪火相传

锲而不舍改考制，力挽狂澜擢后生

从隋唐实行科举制度开始，加官晋爵不再是士族的专利，寒门学子终于迎来了公平竞争的曙光。到了宋代，朝廷会定期在京师对全天下的举人举行一次会试，从中选拔官吏。每年会试诏令一下，全国各地的举人都踊跃报名，进京应试。来自五湖四海的人才齐聚京师，多年的寒窗苦读都盼着一朝及第、前途无量。然而事实远远没有我们想的这么简单！

古代的官员选拔一直重视文章而轻视经术，以诗词歌赋为考察重点而忽视义理和实学，这是从魏晋时期就沿袭下来的。这就造成诸多学子只知道堆叠辞藻，文章华而不实，胸中更没有真才实学，甚至靠抄袭作弊、贿赂考官获取功名，人品也极为轻浮恶劣。将这样的人招到宫中任职，自然对治国有百害而无一利。

说出这段话的不是别人，正是司马光。当时他已经68岁高龄，久病缠身，但仍然因选拔人才的问题向皇帝上书，而这并不是司马光第一次因为科举改革的事上谏。

宋英宗治平元年（1064）六月的一天，时任学政的司马光满脸忧郁地看着桌上的一封奏事。奏事出自封州一位官员柳材之手，其中揭露的关于会试中积存已久的弊端是司马光之前从未意识到的。

柳材指出，每年都有两千余人从全国各地来京参加会试，然而许多有识之士期望而来失望而归的现象却屡见不鲜。大家只看到每年都有络绎不绝的优秀官员被朝廷选中，却不知录取率仅占考生的十分之一，其中大半人才出自国子监和开封府，其他零星分布在教育发达的陕西、河北、湖南等地，有些地方连续几年居然无一人及第！

这种现象非常不利于各地文化的发展和人才的培养。地方的学子来京应试本来就长途跋涉，在此孤身一人，过得极为艰苦，他们的学问及各种资源条件本来就和天子脚下的学子不可同日而语，如今屡试不第，必然会产生弃学弃仕心理，这对于他们极为不公，也会造成大量人才流失。同时柳材也提出了可操作性极强的应对措施，他建议国家应将国子监、开封府的考生与其他各路的考生分开选拔，试卷上标明"在京"和"诸路"，根据各地文化程度制定合理的分数线，按比例录取，保证各路都有进士及第，达到相对的公平。司马光看完奏事第一时间查询近几年会试的卷宗记录，然后将调查的结果连同柳材的提议整理成奏章立即上书英宗，请求皇帝的批准。

我国从古至今对于教育的探索和改革从未停歇过，这不仅体现国人对人才选拔愈加重视，也反映了人才对国家发展的重要性。

而且我们遗憾地发现，这种人才选拔不均的情况是至今都没有办法完全规避的问题。地理环境和经济发展的差异,直接造成教育水平的差距。偏远地区教学条件艰苦,教育普及性差,能真正走出大山的人才凤毛麟角。相对地,偏远地区的学校也受到影响,师资力量及生源和发达城市差距很大。发达城市的学校不得不拉高录取线,而非发达城市的院校却面临招生困难的尴尬处境。21世纪初,全国开始对教育制度进一步做出大刀阔斧的改革,高考的试卷不再全国统一,各地赋分制度也有所变化,而且招生录取也出现了更多样的方式和途径,中小学的升学和考核也有了颠覆性的变化,种种改革只有一个目标,就是向教育平等和人才选拔公平这一终极目标不断前进。我们如今的教育改革和一千年前的宋朝何尝不是一种遥相呼应呢!

  司马光一生对史学研究最深,也深知历朝历代科考制度的沿袭和利弊,他非常看重为国家选拔正直敢言的实用性人才,在他担任考官期间,更是不遗余力地举荐见解独到的优秀后辈。同在仁宗嘉祐六年,当时的司马光任复考官,一位直言极谏科考生的文章引起他极大的兴趣,文章不仅直言不讳地指出了老年的仁宗怠于政务、欢宴无度,还言辞激烈地予以劝谏。司马光对于这位胆识过人的后生非常欣赏,提议将他列入高等,但另一部分考官认为文章言辞不恭而且文不对题,打算降级,经过重新审定,最后这位考生还是因不入等而落榜。司马光为了力保这位考生,直接上书仁宗,说明了前因后果以及自己对于人才举荐的看法,司马光认为,这位考生的文辞虽然谈不上超凡脱群,但所述内容言辞恳切、直击要害,而且朝廷设置直言极谏科正是为了给国家物色敢于说真话的人。仁宗觉得司马光说得很有道理,不禁感叹道:"把人家招来让人家说实话,说了实话又把人家贬退,天下人该怎么议论我啊！"于是破格招这位考生做了一方的推官。

说起这位考生也是鼎鼎大名，他后来凭借自己出众的治世之能深得皇帝器重，文学上的造诣更是让他跻身唐宋八大家之一。没错，他就是"三苏"父子中的"小苏先生"苏辙。苏辙后来用自己济世为民、忠言直谏的从政生涯验证了当年的司马光没有看走眼，他和苏轼两兄弟一直对司马光敬重有加，在司马光去世时，苏辙更是在挽诗中表露了对他知遇之恩的感念。

循着恩师的脚步

我们说高尚的美德都是薪火相传的，司马光之所以如此爱护后辈，得益于他有位给予他父亲般关爱的恩师庞籍。可以说没有庞籍，司马光的人生将完全是另外一派光景。

庞籍是司马光父亲司马池的同事兼挚友，一同在京为官时，庞籍经常来司马池家做客，当时就对年少的司马光非常喜爱。司马池过世后，庞籍既担负了培养他的责任，也竭力提拔他。

仁宗庆历七年（1047）年底，贝州（治今河北清河西北）的王则发动了反抗宋王朝的起义，司马光就此事给当时掌管全国军事要职的庞籍出谋划策。暴乱平定后，庞籍得到了升职，在他锲而不舍的举荐下，仁宗最后给了司马光一个校编典籍的官职。得益于这个职务，司马光接触了更多民间难以得见的皇家典籍，这为他后来编修《资治通鉴》提供了大量珍贵的史料。

官场如战场，从政之路的惊险丝毫不亚于置身刀光剑影之中，即使自己步步为营，也难免会因亲友的罪过祸累自身。仁宗至和元年(1054),庞籍因亲属受贿被罢相贬职,出发前他恳请皇帝让司马光担任助手随行。彼时事业刚刚起步的司马光没有因似锦前程忘却老师的恩情,欣然跟随庞籍赴任。

黄河以西的麟州、府州(今同在陕西)是直接与西夏接壤的,在宋夏常年的对抗中一直处于战略要地。仁宗嘉祐二年(1057),司马光来到麟州视察,通过实地走访和与当地官员沟通,司马光采纳了断绝贸易和修筑堡寨的提议,并报告给庞籍。考虑到军情的瞬息万变,庞籍一边向皇帝上书,一边自做决定开始建堡,而此时边境却传来了大批西夏军集结屈野河畔的消息。

五月五日的深夜,一个叫郭恩的军官趁着酒意,在完全没有做好战备和接应的情况下,居然带了一千多士兵就直奔屈野河而去,结果惨败,郭恩被杀。逃回来的另一位军官为了逃避轻敌冒进的罪责,推说是白天修堡时遭到了西夏人的袭击,于是朝廷派御史亲自来调查。修堡一事其实是司马光的建议,但庞籍为了保护他,将与司马光有关的所有文书都藏了起来,结果御史就以擅自修堡导致兵败,又藏匿证据的罪名弹劾庞籍,将他再次贬职。司马光则因为庞籍的庇护,得以全身而退。但朝廷不辨是非的态度和恩师自我牺牲的做法像一块巨石压在他的胸中,被调回京师后,司马光不断上书说明屈野之战的真相,并请求将自己一并处罚,却始终没有得到皇帝的准许。这段经历,让他对朝廷更加失望。六年之后,恩师庞籍离开人世,司马光的愧疚化作了无边的遗憾,带着这份遗憾,他全身心地回报庞籍的家人,将他的夫人看

庞籍雕像

作自己的母亲，将他的子女视作自己的兄弟姐妹。

　　庞籍不论年纪，将司马光视作自己的忘年交，竭尽所能关爱提拔他，大难当前又能挺身而出庇护后辈，在任上更是凭借自己的全才建立许多功绩，屈野一事被贬之后，也依然待司马光如往常一样，展现了宽广的胸怀。庞籍用自己的身体力行感染和教导着司马光，对他未来价值观的形成和待人处世的方式都起着决定性的影响。

·名句赏析·

> 为今之术,在随材用人而久任之,在养其本原而徐取之,在减损浮冗而省用之。

当前的治理方法,在于根据每位人才的专长予以任用,而且要长期任用,不要频繁调动;在于涵养本源慢慢地获取,不能操之过急;还在于减少多余的开支,将财富用在必要的开销上。

赏析:

  这段话出自司马光给皇帝的奏疏《论财利疏》,是司马光针对当前严重的财政危机而向皇帝提出的建议。在文中他指出了一个非常重要的观点——随材用人而久任之。

  仁宗时提拔官员更喜欢任用那些文笔能力强的人,而忽略他们究竟有没有专业的知识和工作经验,能不能胜任自己所在的岗位。而且频繁的调动也会打压官员建立功绩的积极性,毕竟知道自己在这个职位待不久,谁还愿意认真工作呢。

  于是司马光明确指出,选材在于选择有专才的人,毕竟所有人都不是全能的,而且要让他们长久而稳定地在一个岗位工作,通过长时间的积累和磨砺,才能进步并做出一番成绩,用人专而任之久,是改进一切工作最有效的方法。司马光的这个观点,在我们当今职场依然非常实用。

名句赏析

> 故人通贵绝相过,
> 门外真堪置雀罗。
> 我已幽慵僮更懒,
> 雨来春草一番多。
>
> ——《闲居》

老朋友都已经投靠了新贵,与我断绝了往来,如今门庭冷落,真到了可以安置罗网捕捉鸟雀的地步。我衣冠慵散不整,家里的仆人也趁机偷懒,一场春雨过后,庭院里野草蔓生。

赏析:

在意识到自己已经无法阻止变法的进程后,心灰意懒的司马光选择请退洛阳,远离朝堂这个伤心之地。神宗熙宁四年(1071)至元丰八年(1085),司马光在洛阳任一闲散职务,专心著书,本诗写的就是这一时期的生活情境。这首诗,题为"闲居",所展示的生活场景却并不是悠然闲适,而是内心焦灼,抑郁不平。司马光借景抒情,表达了迫于形势,绝口不谈政事的现状,也隐晦地表露自己壮志难舒的郁结。

我们通常都推崇司马光的史学成就而忽视他的文学功力。在这首小诗中,司马光遣词凝练而优美,对仗工整精妙,还运用了寓情于景、烘托等修辞手法,表达感情真挚动人,足以证明他作为文学家亦有着很高的造诣。

读世界

你方唱罢我登场

开启一代文风的奇女子

放眼整个世界历史,大多数人更愿意将唐朝视作中国最辉煌鼎盛的时代,尽管在真实的历史上,两宋时期无论在人口、经济、军事,还是文化等各方面都比唐朝更加繁荣。这或许是因为大唐时,以包容与自信的国姿吸纳了空前规模的外来使者,让华夏文明得以像狂风一般席卷整个世界。

要列举其中最典型的代表,我们第一想到的应该就是日本。日本的平安时代横跨我国的唐宋两代,平安时代初期,日本各个领域深受汉文化的

· 延伸阅读 ·

· 11世纪初
日本小说《源氏物语》完成。

· 1066年
诺曼人威廉一世征服英格兰,建立了诺曼王朝。

· 1068年
基辅人民起义。

· 1077年
卡诺莎事件,德皇亨利四世在意大利北部的卡诺莎城堡向教皇忏悔赎罪,罗马教权力达到顶峰。

影响：文学上，日本的和歌源自中国的乐府诗；宗教上，日本贵族大多都修习中国的佛典……而到了平安时代后期，各个领域兴起了开创国风文化的意识，流传过去的汉文化在他们的改良下逐渐变得本土化，但依然有一部分贵族支持和保护汉文化，比如著名的中国文学学者藤原为时。

藤原家是中等贵族的书香世家，许多族人都对中国古典文学有所研究，藤原为时更是极为擅长汉诗、和歌，对音律与佛典也尤为精通。他将毕生所学都倾注于自己的女儿身上，在藤原为时悉心的教导下，他的女儿对于中国文学有很高的造诣，她熟读中国典籍，尤其钟爱白居易的诗；她精通音律、绘画，是位极富才情的女子；她30岁时就创作了在日本文学史上具有划时代意义，更是世界文学史上第一部长篇巨作的《源氏物语》，人们更喜欢用另一个名字唤她——紫式部。

也有人将《源氏物语》和中国的《红楼梦》进行比较，因为它们的主要内容都是围绕贵族阶级的生活日常和家族兴衰，中间夹杂着细腻动人的情感和复杂尖锐的政治斗争。但《源氏物语》最大的文学价值之一是它真正开创了日本的现实主义文风。

在此之前，日本的叙事文学更多基于传奇和神话，即使随着发展演变慢慢侧重史实，但思想的表达依然晦涩且隐秘。紫式部的创作理念着重突出一个"真实"，她认为好的文学作品，要根植于社会生活中，在反映人们真实的生活景象、喜怒哀乐，以及在真实的社会背景中，才能探究人性和生命的意义。紫式部恰恰生活于平安时代的贵族家庭，于是她通过自己的亲身经历，用诚挚朴实的描述，为人们展现了那个时代最真实的社会形态和人文风貌，当时的作家无出其右。

《紫式部日记绘卷》（局部）

清代画师孙温绘《红楼梦》场景图之一，展现黛玉在得知宝玉要娶亲时，不顾病体，烧毁了此前所作的诗稿

紫式部和她的《源氏物语》代表日本文学史上真正的现实主义的崛起，从它细腻优美的语言中，我们又能读到作者对唐诗和《史记》的理解与融合，具有很高的文学水平。《源氏物语》是日本文学史上的一座里程碑，它影响了日本后世包括夏目漱石、川端康成等世界文豪，甚至以宫崎骏为代表的其他领域的艺术家，也无不受到《源氏物语》的启迪。

改写大宋命运的双刃剑

说过同时代的日本，再回到主角司马光的时代。历史上的司马光有三件为后世评说最多的事，一是7岁砸缸救友，二是编修鸿篇巨制《资治通鉴》，三就是他和王安石的"相爱相杀"。

众所周知，两宋是中国历史上文臣最风光的朝代，这得益于开国皇帝赵匡胤"杯酒释兵权"后彻底打压了武将的势力。细数宋朝的名人功绩，文臣可以和武将平分秋色甚至更高一筹，像范仲淹这样的文学大家都曾经亲自带兵征战。或许是受太祖一代重文轻武的治国方针的影响，宋朝历代皇帝虽然也有励精图治之辈，但都少了一份军事家的霸气，在周边民族连年的侵扰下，宋朝的国力日益衰弱。

司马光历任仁宗、英宗、神宗、哲宗四朝，仁宗作为北宋第四位君主，在位时间最长，在中国历代帝王中评价也非常靠前。他在位期间，涌现了范仲淹、欧阳修、包拯、司马光、王安石等众多名垂青史的人物。但晚年的仁宗没有贯彻自己勤勉的作风，大病一场后开始沉迷药石方术和寻欢作乐，致使政务荒废，社会矛盾不断激化。而此时的司马光和王安石正是意气风发的年纪,他们同朝为官,兴趣和志向都极为相投,那时的他们互相欣赏,视彼此为知己。

仁宗至和元年(1054),司马光和王安石同在包拯手下为官,这年春天,包拯邀请众人赏花饮酒,司马光和王安石都是极不喜欢喝酒的人,但为了不伤领导的面子,司马光还是勉强喝了一点,但王安石却坚决不喝,完全不顾包拯如何相劝。司马光看在眼里,除了对王安石能坚持自我感到佩服,也认识到这个人极端刚硬的个性和自己温和敦厚的性格迥然不同。

英宗驾崩时,留给神宗一个实打实的烂摊子。刚刚即位的神宗急需一个能快速见效的雷霆手段来改变当前的困境,于是王安石更为大胆而彻底的改革措施入了神宗的青眼,一场巅峰性的大变革就此展开。

我们都知道一句俗语叫"慢工出细活",过于急功近利的措施往往会有许多考虑不周的地方,王安石的变法虽然直接针对当前的财政危机和生存困境,但手段过于冒进,制度并不完善,改革政令一经推行,不只统治阶级一片哗然,平民百姓也感到恐慌和无措。

变法初期,因没有直接暴露弊端,司马光一直是持赞同态度的,甚至在大臣吕诲要弹劾王安石时,还站出来极力维护。直至他意识到新法的实施并不利于百姓,才开始站到了王安石的对立面。因为变法一事的意见不合,他曾与王安石在朝堂上爆发了多次激烈的争论,而当时神宗坚定地支持王安石。眼看劝说无望,司马光选择了外任闲职,不再过问政事,专心去编修他的《资治通鉴》。

神宗元丰七年(1084),轰轰烈烈的"王安石变法"还是以失败收场,司马光当初的担忧变成了事实,变法不仅没有解决北宋的困境，反而催生了一大批贪官污吏，加重了百姓的苦难，王安石带着深深的不甘离开了朝廷。于是，刚刚完成《资治通鉴》的司马光，又被朝廷召回辅助哲宗。

此时的司马光已经是一位60多岁的老人，著书极大地毁坏了他的身体，由于对王安石的变法一直持否定态度，司马光一复出就开始大刀阔斧地废除新法，恢复旧法。急于求成的司马光此时犯了和王安石同样的错误，他全然不顾同僚的劝说，致使朝中又逐渐形成一股反对恢复旧法的势力，与司马光一派展开激烈的对抗。

反复的政治斗争使本就久病的司马光更加虚弱，他最终在哲宗元祐元年（1086）离开了人世。在司马光死后，朝廷上下并没有继续进行政治改良，哲宗元祐年间，官僚之风弥漫，官员对于政令的推行往往阳奉阴违、消极敷衍，哲宗亲政后更是爆发了一场和西夏两败俱伤的大战，西夏从此一蹶不振，但北宋也不得不开始休养生息。徽宗即位后，任用了童贯、蔡京这样的宦官佞臣，他们不但疯狂向外扩张，还自取灭亡妄图联金抗辽，最终葬送了北宋的百年基业。南宋自开年就深陷与金人的战争泥潭之中，直至旧臣陆秀夫背幼主投海自尽，享国152年的南宋也走向灭亡，中国开启了一个马上征战的新时代。

非义不取清廉身
——苏轼与苏氏家训

人物小传

苏轼（1037—1101），北宋文学家、书画家。字子瞻，号东坡居士，眉州眉山（今属四川）人。与父亲苏洵、弟弟苏辙，并称"三苏"，俱被列入"唐宋八大家"。除了诗词成就之外，他还擅长书法、绘画，有《黄州寒食诗帖》《枯木怪石图》等存世。

作为北宋"背诵天团"的人气王,苏轼的大名早已如雷贯耳。他因曾在黄州城东门外的一个土坡上种过地,而自号"东坡居士",世称苏东坡,也称苏仙。古往今来,能称作"仙"的人并不多,作为宋代文学最高成就代表的苏同学,却是当之无愧。

苏轼是诗人,他的诗选材多变、清雅豪隽,与黄庭坚并称"苏黄";

他是词人,其词开豪放一派,与另一位豪放派代表辛弃疾并称"苏辛";

他是散文家,其章著文理合一、纵横豪迈,与欧阳修并称"欧苏",位列"唐宋八大家";

他是书法家,尤擅行楷,与黄庭坚、米芾、蔡襄并称"宋四家";

他还是画家,工于竹石,是开创及发展绘画界美学新思想的重要人物……

人生哪得多泽惠,随缘随喜自神仙!

他是人见人爱的全民偶像,崇拜他的粉丝上及皇帝,下至黎民;

他是名副其实的美食家,自创的"东坡肉"至今都是网红名菜;

他是兢兢业业的公务员,是恣意山水的云中仙;

他是学霸本霸,是文青本青,远可千里修堤坝,近可下田种豆瓜……

如果给苏轼开个微博,他一定是微博认证最多的名人,但这些似乎都不能完全勾勒出苏轼的全貌。究竟是怎样的家庭教育和家风传承,才能培养出这么一位"极品偶像"?这就要从山明水秀的"人文第一州"眉山说起……

读书
父母授以法，修行须自身

"门前万竿竹，堂上四库书"的书香之家

苏轼的家坐落在眉山县城纱縠行，是一个文学气氛浓郁的书香之家，虽不富有，却也殷实。他在《答任师中家汉公》中写道："门前万竿竹，堂上四库书。高树红消梨，小池白芙蕖。常呼赤脚婢，雨中撷园蔬。"竹林、梨树、荷塘、菜园，这些平常而美丽的景致，构成了苏家的外部环境，而屋里丰富的藏书，则暴露了苏家的不平常。有着这样得天独厚的家学渊源，苏轼从小就聪明好学，是大家眼中的"别人家的孩子"。与之相反，他的父亲苏洵早年不爱读书，27岁才开始发奋，终成为一代散文家。当上父亲的苏洵，为了不让孩子重蹈覆辙，对他们的管教极为严格。到什么程度呢？苏轼在晚年谪居海南时，一日夜有所梦，醒后随口吟道："夜梦嬉游童子如，父师检责惊走书。计功当毕《春秋》余，今乃始及桓庄初。怛然悸寤心不舒，起坐有如挂钩鱼。"诗中所述，正是苏轼梦到自己儿时贪玩，眼看父亲规定的课业期限已近，《春秋》却只读了不到一半，心中不免忧伤着急，仿佛鱼儿吞了钓钩……此时的苏轼已年过花甲，早已是名满天下的大文豪，但儿时父亲督促自己读书的情景依然不时出现在梦中，可见苏洵为其留下了多么深刻的童年"阴影"！

除了读书写作，苏洵还是一个艺术鉴赏家。虽家境一般，收藏

的名人字画却能和王公贵族不相上下。苏轼耳濡目染，从小就培养了对艺术的浓厚兴趣，琴棋书画无一不精。苏洵教育子女讲求文史并重，同时提倡质朴自然的文风，摒弃时兴的华美靡丽之气，苏轼从小既接受着雅正的诗文教育，又培养了传统的家国观，这也促使他形成了磅礴铿锵的创作风格。

嘉祐二年（1057），21岁的苏轼和17岁的苏辙在父亲苏洵的带领下参加了科举考试，一举成名、天下皆知。这一年录取了进士388人，苏轼名列第二，他的弟弟苏辙名列第五，苏轼的"高考"限时作文《刑赏忠厚之至论》后来还被收入了《古文观止》。苏家能做到一门两进士，绝对离不开父亲的言传身教。在对苏轼兄弟二人的教导上，苏洵从来没有过多地说教或是棍棒教育，取而代之的是一种体验式、伴随式教育。他想让兄弟二人勤奋读书，就自己先勤读起来，给他们润物无声的影响，进而再营造"门前万竿竹，堂上四库书"的优雅环境，他们自然就把读书当成了人生中的头等乐事，还养成了写诗作词、思考讨论的习惯。

这样的教育方式，放之四海而皆准，放在今日也依然适用。有句话说，孩子就是父母的一面镜子，孩子的成长过程也是不断展现父母教育成果的过程。正确的引导、适当的陪伴、严格的要求、人格的塑造这些教育方式都不可或缺，都值得今天的父母们学习借鉴。

除了父亲的悉心培养，母亲的教育对苏轼的影响也很大。苏轼的母亲程氏出身官宦之家，知书达礼，性格中既有果敢睿智的一面，也有仁爱慈心的一面。古代的女性基本都是"全职太太"，苏轼年幼时，苏洵游学在外当"背包客"，程氏除了持家理财，还承担着对子女的家庭教育。她不仅教孩子读书写字，也非常注重他们的人格培养，常常挑选古往今来人事成败的关键问题进行讲述。

一天，程氏教儿子读《后汉书·范滂传》，范滂是东汉名士，学问气节深得大家敬重，查办贪官污吏铁面无私。当时朝中宦官弄权、政风败坏，仁人志士共起抗争，爆发了党锢之祸，范滂也被牵连其中。为了坚持自己的理想，他不惜以生命为代价，诀别时对母亲说："母亲，我对不起您。弟弟孝顺，足以供养您，我跟随父亲在九泉之下，存亡各得其所，希望母亲不要悲伤。"范母说道："一个人既想有美好的品德名声，又想有长寿富贵，怎么可以两全呢？我愿意你舍弃生命，实现自己的理想。"苏轼母子俩都被这一段荡气回肠的历史深深感动，一阵沉默过后，年仅10岁的苏轼站起身来，激动地说："母亲，倘若我也要做一个像范滂这样的人，您会同意吗？"程氏回答说："你如果能做范滂，我怎么就不能做范滂的母亲呢？"苏母能够以身作则、以古为鉴，这才造就了苏轼清雅高洁的人格魅力和直言进谏的风骨品格。

可以说，苏轼父母的教育方式更接近当今的"素质教育"，他们不只关注子女的读书学习，还注重提升他们的艺术造诣，对于人品德行的培养更加重视。一个人的学识作品难以模仿，唯有精神与品格才能万古长青，正如《苏轼传》中所言："九百余年来，苏轼为历代人民所热爱、所敬仰，不仅在于他给后世留下大量具有高度艺术成就的文学作品，更在于这些作品处处表现的博大、仁慈、热爱、温厚的心灵世界。"

"博观而约取,厚积而薄发"的治学之道

苏轼一生勤于读书,基本功扎实,更善于读书,有着非常科学的读书方法,他自己总结为"八面受敌"读书法,这方法光听名字就觉得"厉害了"!他在给侄婿的回信《又答王庠书》中写道:"卑意欲少年为学者,每一书皆作数过尽之。书富如入海,百货皆有。人之精力,不能兼收尽取,但得其所欲求者尔。故愿学者每次作一意求之……此虽迂钝,而他日学成,八面受敌,与涉猎者不可同日而语也。"即是说,年轻人若想励志读书,每本书都要读上几遍。一本书的内容之丰富,如同海洋一样宽广无限。人的精力不可能一下全部吸收,只要得到你想了解的那个方面就好。所以愿意学习的人每次读的时候,只带着一个目标去读就可以,这个方法虽然有些笨拙,但学成后,各方面都经得住考验,和泛泛而读不做深入研究大不一样。

《孙子兵法》中有个重要策略叫"我专而敌分",如八面受敌,则不应八面迎击,而要集中优势兵力以众击寡,分散敌方势力,各个击破。与之异曲同工,苏轼认为,人们在读书时,往往会感到处处都是有用的知识,如同"八面受敌",每次读书,不应想着什么都记住,而应集中精力,只在单一主题下求知,更容易深入,然后化整为零、融会贯通。比如苏轼在读《汉书》时,列出了治道、人物、地理、官制、兵法、财货等若干方面,每读一遍只研究一个方面的问题,几遍读下来,对这几个方面都有了比较深刻的理解,这显然比那种盲目读书、随意涉猎的方法要好得多,因此清末学者李慈铭称赞"八面受敌"读书法实在是"读书之良法也"。

苏轼读书不止于读,他还有一个秘诀,就是"抄"。说起抄书,

宋人陈鹄的《耆旧续闻》中记载了一则典故，说有一次朱司农去拜见苏轼，负责接待的人已通报了姓名，但他好久都没出来。在朱司农等得极为疲倦之时，苏轼才姗姗而来，对朱司农无比歉意地说道刚才在做每天的"日课"，没能及时来接待，请多多海涵。朱司农问他"日课"是指什么？苏轼笑道："无非是抄抄《汉书》。"朱司农说："凭先生这样的天才，打开书看一遍，可以终生不忘，哪里用得着手抄呢？"苏轼答道："不是这样的。我读《汉书》，到现在总共经过三次手抄了。最初一段事抄三个字为标题，以后要抄两字，现在只需抄一个字了。"朱司农看着他的笔记不解其意，苏轼说："请你试着列举标题的一个字。"朱司农说出一个字，苏轼应声就背出了几百个字，且一字不差，反复几次，都是这样，朱司农心悦诚服地赞叹道："先生真谪仙才也。"

苏轼的许多文章中都借用了前人的典故，如《刑赏忠厚之至论》中的皋陶治法，《念奴娇·赤壁怀古》中的赤壁之战……能够如此灵活地化用这些典故，除了天赋，更需要勤学的积累，所谓"读书破万卷，下笔如有神"。苏轼后来被贬谪到海南，带着儿子苏迈在草屋里一起抄书、教书，很多人慕名而来，他凭一己之力，开一方文脉。苏轼北归后，儋州出了自隋以来海南省第一位进士。你看，优秀的家风不仅能代代传承，更能泽被他人。

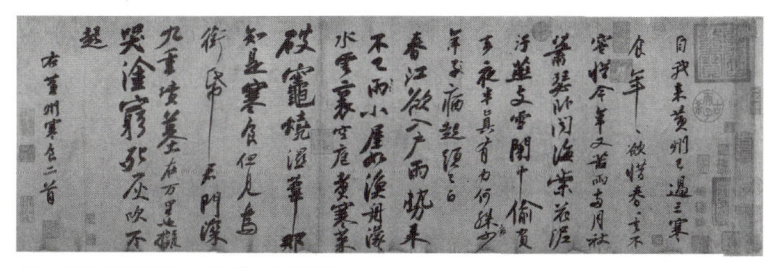

苏轼书法《黄州寒食诗帖》（局部）

读人
求仁得仁，逆境也风流

"眼前见天下无一个不好人"的社交哲学

苏轼初入仕途正值宋仁宗在位，仁宗赏识文人贤才，苏轼曾说："仁宗皇帝在位四十二年，搜揽天下豪杰，不可胜数。""唐宋八大家"中的欧阳修、苏洵、苏轼、苏辙、王安石、曾巩六人全都在北宋仁宗时期登上历史舞台，当时的人才之盛，历史上几乎再无一个时代可以与之比肩。这几人中，除了苏洵和苏辙，欧阳修和王安石在苏轼跌宕起伏的人生中也扮演了极其重要的角色。

苏轼和欧阳修是亦师亦友的忘年之交，欧阳修对他有着知遇之恩。嘉祐二年的礼部进士考试，欧阳修担任主考官。策论一场，欧阳修出题《刑赏忠厚之至论》，点检试卷官梅尧臣批阅试卷时，发现其中一篇文章特别精彩，颇具"孟轲之风"，随即呈给欧阳修。

欧阳修读后眼睛一亮，觉得此篇无论文采还是观点，都可以毫无争议地列为第一。由于当时考生都采用糊名法，文章属于谁不得而知，恰巧欧阳修的学生曾巩同在会考之列，欧阳修猜测文章可能是曾巩所写，为了避嫌，便与梅尧臣商量将其列为第二。复试时，欧阳修又见到一篇《春秋对义》，赞叹之余，毫不犹豫地将其列为第一名。发榜的时候欧阳修才知道，初试、复试给他留下深刻印象的两篇文章，均出自苏轼之手。后来，他在给梅尧臣的信中盛赞苏轼的文才："读轼书，不觉汗出，快哉快哉！老夫当避路，放他出一头地也。"字里行间对苏轼的赏识溢于言表。而苏轼也曾这样评价欧阳修："论大道似韩愈，论事似陆贽，记事似司马迁，诗赋似李白。"其对欧阳修的崇敬之情也表露无遗。

再说到王安石，苏轼一生的境遇都与他有着极大的关系。同为当时才华横溢的大诗人和散文家，两人在诗词文赋上惺惺相惜，但为政上却各持己见，可谓亦敌亦友。宋神宗即位后，任用王安石为宰相，大刀阔斧地改革变法，新法推行中却遭到了朝臣的反对，拥护变法的新派和反对变法的旧派，开始了一场浩大又漫长的朋党之争。王安石知道苏轼直言不讳的个性，偏偏又站在旧派的立场，所以当神宗几次准备任苏轼当谏官时，便推荐他做了个小官。谁知苏轼在任开封府推官期间，连写《上神宗皇帝书》《再上神宗皇帝书》，直言反对新法，主张"结人心、厚风俗、存纲纪"；后来在给会试策问出题时，更影射了神宗与王安石变法过程中太过"独断"。这让王安石彻底怒了，命人向神宗奏其过失，并下令调查。虽然最后查无实证，但苏轼自觉已无法在朝廷中立足，于是请求外放，出任杭州太守。外任期间，苏轼虽不满新法，却也因亲眼看到了它的便民之处，从而认识到了反对派的偏执与保守。他在给友人滕达道的信中说:"吾侪新法之初,辄守偏见,至有同异之论……回视向之所执,益觉疏矣。"苏轼这种实事求是的态度,凸显了他性格中宽厚大气的一面。

苏轼好交友,可谓朋友满天下,他自己都说"吾上可陪玉皇大帝,下可以陪卑田院乞儿,眼前见天下无一个不好人"。为什么在苏轼的眼前,天下无一个不好人,即便是政敌王安石,也能化敌为友呢?这是因为他有一颗容人之心,能够理解他人的处境、立场,他人的不易,即使遭遇再多磨难,内心也始终坦荡,不记恨不埋怨。

在苏轼眼中,只有对才华的敬佩,对大道为公的秉持,绝没有个人的得失和恩怨,正是这样的品格,才让欧阳修看到了大宋的后生可畏,让王安石不惜冒着"乌台诗案"的牵连为他挺身而出。苏轼、欧阳修、王安石……与千万个北宋文士一起,用赤诚铸就了一座道义之城!

"应似飞鸿踏雪泥"的传奇人生

"人生到处知何似?应似飞鸿踏雪泥。"这两句诗不仅表达了苏轼"雁过留声,人过留名"的处世态度和感慨,更成为后世传诵的经典名句。现代著名学者林语堂解读此诗:"飞鸿是人心灵的象征,苏东坡的传奇一生,正是一个伟大心灵偶然留下的足迹,真正的苏东坡只是一个心灵,如同一只虚幻的鸟,这只鸟也许直到今天还梦游于太空星斗。"

苏轼的人生中充满了我们每个普通人都可能遇到的坎坷困

难,甚至他遇到的比我们的还要凶险痛苦,但他从来没有怨天尤人、消沉悲观,而是在一次次打击和磨难中展现了非凡的精神力量与坚韧不拔的意志,随遇而安、积极乐观、幽默风趣、才华横溢,这些才是我们如此热爱苏轼的原因。比如他的《念奴娇·赤壁怀古》:"大江东去,浪淘尽,千古风流人物。故垒西边,人道是,三国周郎赤壁。乱石穿空,惊涛拍岸,卷起千堆雪。江山如画,一时多少豪杰。"在中国文学史上,这首词具有很重要的地位,它豪迈雄浑的意境开创了宋词的新文风和新时代。但大家知道这首词是在怎样特殊的背景下写成的吗?

苏轼平生最大的灾难莫过于"乌台诗案"。元丰二年(1079),因遭人诬陷,苏轼以作诗"谤讪朝廷"之罪被捕入狱,在亲朋好友的积极搭救下,被囚禁了整整130天的苏轼免于死罪,贬官黄州。这场从天而降的祸事,使苏轼对外界产生了一种莫名的恐惧,他突然不知道该怎样待人处世,才可以使自己免遭无端的陷害,他需要时间来慢慢修复心灵的巨大创伤。所以,初到黄州的那些日子,他常常整天闭门不出,从早睡到晚,夜深人静时,才敢一个人悄悄出门,在溶溶月色中静静散步。偶尔也会忍不住走到尚未打烊的城边酒家,买一杯醇香的村酿,细细品味,却时刻不忘警醒自己,不能喝得太多,以免酒后失言。

想必很多人都会认为,经过这一番磨难,苏轼肯定要学会几分世故圆滑。但起初的恐惧过后,苏轼逐渐调整好心态,完成了自我突破,他非但没有随波逐流,辞章风采反而更胜从前,道义长存之心更加坚定。当代著名作家余秋雨先生在《苏东坡突围》中这样写道:"苏东坡成全了黄州,黄州也成全了苏东坡。苏东坡写于黄州的那些杰作,既宣告着黄州进入了一个新的美学等级,也宣告

明代仇英《赤壁图》（局部）

仇英依据苏轼的《后赤壁赋》作此图，近处是苏轼携友泛舟夜游，远处是悬崖峭壁与杂木古柏，展现了赤壁的险峻形势。而小舟上的东坡先生与好友，却一派宁静，饮酒作诗，悠然自得。这种强烈的对比，成功地表现了《后赤壁赋》中"白露横江，水光接天，纵一苇之所如，凌万顷之茫然"的意境与氛围

着苏东坡进入了一个新的人生阶段……"

没有心理包袱的苏轼在黄州彻底开启了"游山玩水"模式，他泛长江、吊赤壁，饮酒赋诗，煮"东坡羹"，做"东坡肉"，酿"东坡酒"，写下了《前赤壁赋》《后赤壁赋》和千古绝唱《念奴娇·赤壁怀古》。在黄州，他性格当中的放纵跳脱开始慢慢收敛，取而代之的是更加深邃豁达的心境，正如《定风波》词中所言："莫听穿林打叶声，何妨吟啸且徐行。竹杖芒鞋轻胜马，谁怕？一蓑烟雨任平生。料峭春风吹酒醒，微冷，山头斜照却相迎。回首向来萧瑟处，归去，也无风雨也无晴。"

当然，苏轼在黄州也并非一味游山玩水、吟诗作赋。彼时这里有一种习俗，很多住在深山中的猎户会溺死初生的婴儿。苏轼知道，他们之所以如此，是迫于生计。于是他亲自出面，建议太守储备"劝诱米"，专门用来收养弃儿。同时拿出本就不多的积蓄俸禄，成立救儿会，又请当地知名的寺庙出面主持募捐善款，解决当地人的生计问题，挽救幼小的生命。他的这些作为，被自己的孩子们默默看在眼里，记在心中。

苏轼的长子苏迈，24岁时被朝廷任命为县尉。在与儿子分别之时，苏轼赠送一方砚给他，砚底刻有铭文："以此进道常若渴，以此求进常若惊；以此治财常思予，以此书狱常思生。"意思是，用它来学习圣贤的道理要如饥似渴；用它来习写文章，要不停地进步；用它来记录和管理财物，要时常想着给予他人；用它来书写狱讼公文，要时时想着放人生路。

这几句铭文，镌刻了久经宦海沉浮的父亲对儿子的教诲，一方砚台，寄托了苏轼深切的希望，也凝结了苏门家风的精髓。熟悉苏轼的人都知道，这块砚台不是简单的父子相送，而是苏家的家风传承。

苏轼12岁那年，一天与朋友们玩耍时挖出来一块像鱼一样的石头，其外表温润、色泽青碧，苏轼想把它当作砚台，却发现石头无法存水。正当扫兴之时，父亲苏洵对他说："是天砚也，有砚之德，而不足于形耳。"就是教导他要重视内在的德行，而不应过于看重外在的形式。父亲的一句话，让苏轼记了几十年，这方砚台几经磨难，曾一度丢失，直到苏轼50多岁又失而复得。他曾把这段故事讲给儿子们听，这次苏迈赴任，苏轼恰好以砚相赠，不正是对父亲的教诲遥远而又深情的回应吗？苏迈明白父亲的苦心，也没有辜负父亲的厚望，虽然在文学方面的成就没有达到苏轼的高度，但他为官清正、爱民如子，凡是对国家百姓有利的事，一定不惧艰险，尽力而为。苏轼看到儿子的作为，非常欣慰，他在给自己的老朋友陈季常的信中说："长子迈做吏，颇有父风。"苏迈曾在任的德兴将他列入名宦之列，并造有苏堂，以示对苏迈的怀念，这无疑是对苏门家风传承最好的诠释。

我们所推崇的家风，不只是单方面给孩子提要求，更重要的是对家长日常言行举止的指导。就像苏家乐观豁达的门风，不只体现在苏轼为人处世中，也表现在他的衣食住行上。

绍圣元年（1094），苏轼被贬到了惠州这个穷乡僻壤，生活品质虽然大打折扣，却一点也没耽误苏老夫子饱口福。原来，惠州虽然穷苦，市场上却每天都有一只羊卖，苏轼这个被贬的小官自然是没有钱去和达官贵人争抢的，于是他就拜托屠夫将羊脊骨留下来卖给他。他将羊脊骨放在锅里煮熟，再趁热漉出，用米酒浸过，撒点薄盐，微微烤焦，然后挑骨缝中的碎肉吃。他在给兄弟苏辙的信中夸耀说"简直堪比蟹肉美味"，还叮嘱他千万不要告诉别人，不然大家都去买羊脊骨就不好啦！苏轼用调皮幽默的口吻，为远

清代朱耷《东坡朝云图》

苏轼在钱塘当官时，将名妓朝云纳为妾，她起初不识字，但在苏轼的影响下开始学习书法。后来，当苏轼被贬至惠州时，家奴皆散去，唯有朝云愿相随。八大山人朱耷的这幅图，即展现了二人之间的深厚感情

在千里的亲人送去了些许宽慰,也正是这种坚韧而又富有生活热情的精神,让苏轼吟出了我们熟知的千古名句——"试问岭南应不好,却道,此心安处是吾乡"。

徽宗即位时,垂垂老矣的苏轼写下其一生总结:"心似已灰之木,身如不系之舟。问汝平生功业,黄州惠州儋州。"他被贬黄州的时候45岁,这一贬就是4年;被贬惠州的时候59岁,在惠州居住了3年;被贬儋州的时候62岁,一住又是3年……所有贬谪流放时间加在一起,整整10年。北京师范大学的康震教授曾说,我们现在所了解的那个"大江东去浪淘尽"的苏轼,那个"一蓑烟雨任平生"的苏轼,"也无风雨也无晴"的苏轼,其实都是在经历了贬谪流放生活之后的新的苏轼。贬谪之前是我们还不太熟悉的苏子瞻,而在经历了贬谪之后,苏子瞻才变成了我们所熟悉的苏东坡。

· 名句赏析 ·

> 夫君子之所取者远，则必有所待；所就者大，则必有所忍。

君子要想达成长远的目标，就一定要等待恰当的时机；要想有伟大3的成就，就一定要懂得隐忍。

赏析：

本句出自苏轼的《贾谊论》。贾谊生活在西汉文帝时期，少年成才、胸怀大略，入仕后，他极力向文帝主张改革，却遭到冷落，本就心思敏感的他自觉怀才不遇，竟郁郁而终。许多史书提到贾谊的遭遇无不感叹天妒英才而痛批文帝的有眼无珠，但苏轼却有着截然不同的看法。

他认为，一个目标高远、志向博大的人，本来就要耐得住等待和孤独。所谓孤木难支，何况是改革利国的大事，必然需要领导和同僚的帮扶，没有得到赏识，就一味怨天尤人而不懂得主动出击寻求出路，还不算真正到达君子的境界。

纵观苏轼的一生，同样年少成名、志得意满，但职场上没有志同道合的同僚，领导又屡次将他贬到贫瘠之地，壮志难酬、生活困苦，如果苏轼的心胸如贾谊一般，那旷世的大文豪恐怕也只会化为一缕怨魂了。通过评述贾谊的遭遇，苏轼那种积极乐观的处世态度也体现得淋漓尽致。

· 名句赏析 ·

先王知天下之善不胜赏,而爵禄不足以劝也;知天下之恶不胜刑,而刀锯不足以裁也。是故疑则举而归之于仁。

古代的君王知道天下的善事是赏赐不尽的,爵位俸禄并不足以作为对他们的褒奖;知道天下的坏事是处罚不完的,刑罚并不足以裁决他们。因此,遇到难以决断赏罚的事,一律采取仁慈宽大的政策。

赏析:

本段正是出自令苏轼一举成名的临场作文《刑赏忠厚之至论》。"仁义礼智信"作为儒家"五常",是封建社会价值观中最核心的内容,其中"仁"位居第一,体现了古代上至君王执政、下到治理百姓最推崇的精神思想。

这段话引用古人对于赏罚的处理方式,反映出苏轼对于"非善即恶""非黑即白"的极端做法持反对观点,而认为人性是复杂的,因此人的所作所为也复杂,君王裁决天下之事并不能做到件件分明,唯有忠厚仁德是最能服众、最长治久安的君子之道。

读世界

中世纪最优雅的圣堂

群体意识浓重的宋代家风

苏轼一生从政,但他又是典型的文人,一生几经起落,所写文章又豁达辽阔,这与他所处的大环境分不开。

南京师范大学的郦波教授曾说:"苏东坡是我最钦佩的人,有血有肉十分真实,历经苦难坎坷却依然活得洒脱,不向命运低头……如果放到现在,他一定是朋友圈里最活跃的那个。他对生活的热爱,对美食的热爱,让人觉得真实、亲切。如果可以穿越,我愿放弃一切成为苏东坡,体验一回东坡跌宕精彩的一生。"说起穿越,宋朝确

·延伸阅读·

· **1084年**
德皇亨利四世攻陷罗马,另立教皇。

· **1086年**
英王威廉一世下令对全国土地进行调查和登记,其结果被谑称为"末日审判书",是英国中世纪最早的经济史料。

· **1089年**
格鲁吉亚建国。

· **1099年**
耶路撒冷被攻陷。

实是比较不错的一个选择。

宋朝的社会形态最接近现代社会。在世人眼里，宋朝俨然就是一幅水墨画，是《清明上河图》中描绘的雅致世界。街道两旁一排排的商店、客店、酒店、饭店，让人目不暇接，一个个创意独特的广告牌琳琅满目，一家家做生意的小摊贩点缀其间，和现代的"步行街"如出一辙。如果穿越回宋朝，你不妨开个小店，卖点杂货，过起自给自足的小日子。宋朝的宵禁从半夜11点开始，凌晨3点结束，只有4个小时，所以宋朝有繁华的"夜生活"。这里即使夜晚依旧灯火通明、人声鼎沸，你完全不必担心没有网络、没有手机的漫漫黑夜如何度过。

宋朝的开国皇帝立下了不杀文人士大夫的铁律，文士在宋代很受尊重。皇帝们也能虚心接受文臣的批评，实在听不下去，大不了贬官外放，过段时间气消了，再召回朝堂。文人之间有分歧，也是"君子之争"，互相写文骂一骂就是了，不会斗得你死我活。王安石变法时，苏轼因觉得王安石的措施过于激进而提出反对，王安石就上书弹劾他，苏轼就自请外放，惹不起我还躲不起吗？"乌台诗案"时，苏轼被定罪下狱，由于事关重大，只有他的弟弟苏辙肯丢掉乌纱帽救兄。已隐居江宁的王安石听闻此事，连夜写信给神宗说："岂有圣世而杀才士乎？"神宗思之再三，觉得很有道理，便只将苏轼贬为黄州团练副使。后来苏轼自黄州移官汝州，还顺路去拜访了王安石。二人同游钟山时，诗酒唱和，谈禅说佛，不亦乐乎。正所谓"君子和而不同"，虽然政见不同，但并不影响他们互相欣赏。

有人说，宋朝士大夫最大的特点就是心怀"以天下为己任"的担当。这种担当不是体现在某几个人身上，而是整个群体的共性。

士以天下为己任，这个国家的大小事，"我"有义务参与治理，也有责任治理好。这种群体意识的道义担当，是其他时代十分少见的。在宋朝，教导孩子成为"和而不同"的谦谦君子应该是最受认同的家风，前有范仲淹"先天下之忧而忧"的情怀，后有苏轼"决不碌碌与草木同腐"的理想。回首苏轼的一生，有领悟，有旷达，有他一生引以为傲的诗歌，当然也有跨越荣辱的别样悲怆，但绝没有妥协，没有苟且，没有人之将死的委顿。成就了苏轼这样如中天之月般明朗性情的，正是宋朝流行的文士家风！

享举世之富，邀八方来客

"民族自信"这个词在近些年成了媒体与大众口中经常提及的网络热词。中华民族的自信来自上下五千年的历史底蕴，来自耀世夺目的文化瑰宝，来自历朝历代的气韵风骨……两宋时期流行的文士之风、君子之仪不只在中国历史上独领风骚，放眼整个中世纪都是最优雅、最高贵的存在。

是的，我国的两宋时期恰好处于世界史的中世纪中后期。10至13世纪，其他大洲陆续进入由无数分散小国向统一集权慢慢过渡的时期，而中国以一个亿的人口基数，和占据全球50%以上经济的绝对优势，成为中世纪第一强国，傲视群雄。

在其他国家还在以"庄园""奴隶主""教皇"为代名词时，两宋诞生了四大发明中的两项；这个时期的商业和手工业代表着世界最高水平；工业上，仅华北地区的钢铁总产量，就比工业革命初期的英国还要多；仰仗强大的航海技术，海上丝绸之路的东段被宋人牢牢掌控在手中；宋瓷与宋词，一个中国手工艺的巅峰之作，一个中华文化的"天花板"，引领着整个世界文明的潮流与风尚，成为各个国家望尘莫及、趋之若鹜的珍宝。

尽管在我国的漫长历史中，宋朝总是一副被动挨打的"憋屈"形象，很难并入"盛世"之列，但对于推动整个中古世界的发展，两宋绝对发挥了举足轻重的作用。由于丰富的商品种类和强大的经济实力，宋朝在对外贸易中一直占据主导地位，宋朝官方货币的发行不只在我国历史中总量巨大，在周边邻国的流通量也极为庞大，这可不是信口说的，而是从考古学家的发现中求证的。

宋朝的丝绸、茶叶、瓷器令外商着迷，宋人华美精致的服饰令世界惊叹。因为两宋时期极为推崇奢靡绮丽之风，宋人格外看重生活细节上的精致，连贩夫走卒都能穿上丝质衣袜，要知道在当时的欧洲，即使贵族也未必能穿上丝绸。宋朝稍微品阶高点的官员，年薪都能达到上百万贯，家中更是装潢奢华、妻妾成群，这种待遇连欧洲的许多君主都无法企及。

宋朝不但通过对外商贸进行输出，更吸引了大批外来商客常驻于此。聪慧的先人为了吸引更多的外商，在他们常聚集的城市制定了特别的政策，为他们建造公租房，搭建公共设施，尊重他们的信仰风俗。据统计，当时有将近一半的外商选择租用公租房，在这里长期定居，为宋朝与世界的沟通往来做出了积极的贡献。正如世界著名经济史学家弗兰克所说："11世纪和12世纪，中国无疑是世界上经济最先进的地区。自11世纪和12世纪的宋代以来，中国的经济在工业化、商业化、货币化和城市化方面远远超过世界其他地方。"

"大明脊梁"的清正家风
——张居正与《张居正家书》

人物小传

张居正（1525—1582），明朝政治家。字叔大，号太岳，湖广江陵（今湖北荆州）人。嘉靖二十六年（1547）进士，后入仕，历任世宗、穆宗、神宗三朝，官至首辅，推行改革。万历十年（1582）病死，死后被弹劾抄家。

在中华民族几千年的历史长河里，有这样一位人物：他，受遗辅政，任劳任怨；他，位高权重，一言九鼎；他，政绩斐然，傲视群伦。他对明朝的弊政做了大刀阔斧的改革，取得了良好成效，在政治、经济和军事等方面都颇有建树，即使是诸葛亮和王安石这样的名相，也望尘莫及。他，就是万历首辅——张居正。

而就是这样一位伟大的政治家、改革家，即使在他权倾天下时，反对之声也不绝如缕；到了后世，赞誉和责难更是如影相随。

张居正是明朝中后期最为出色的一位政治家，也是极具历史争议的一代名臣。神宗继位时只有10岁，幸有张居正以首辅之名尽力辅佐、大力改革，推行"万历新政"，从隆庆六年到万历十年的整10年（1572—1582），张居正全面掌控政局，再没有第二个能与之比拟的人物。此前的数十年，整个政局是混乱的；在张居正辞世后的数十年，政局还是混乱的，只有张居正做内阁首辅的这十年，政局处在安定的状态中，并获得了一定程度的发展，这一切都是张居正的功劳。

铁血孤胆挽狂澜，盛誉毁谤两唏嘘！张居正匡扶国祚、政绩斐然，受到后世的推崇，但他的生活奢靡、独断专行，同时也遭到了尖锐的批判。对他的一生，世人的评价毁誉参半。夸他的人，认为他堪比伊尹、周公；贬他的人，认为他如朱温、王莽之流。有人将他推为圣人，有人甚至斥责他为禽兽。清代的纪昀（也就是纪晓岚）有这样一段客观的评价："神宗初年，居正独持国柄，后毁誉不一，迄无定评。要其振作有为之功，与威福自擅之罪，俱不能相掩。"其实，他并非圣人，更非禽兽，他就是他，张居正，一个受时代陶熔，同时又想陶熔时代的人物。

无论如何，张居正对于大明王朝来说，都是一位有着非凡意义的重要人物。这样一个人物，以其强悍的意志、铁血的手腕、满腹的才华、出色的政绩，在明朝，甚至整个华夏民族中熠熠生辉。这样一个人物，又为我们后世留下了哪些值得学习与借鉴的家风祖训呢？

读书

重视科举，以身许国

屡败屡战的祖传家风

张居正的先祖，可以追溯到元末凤阳定远的张关保。关保是太祖朱元璋初起时的一个兵士，是太祖的功臣，被授世袭千户，入了湖广的军籍，这便造成了张居正一生以身许国的夙愿。

张居正的曾祖，名诚，字怀葛，是张家的次子，世袭千户的尊荣与他无关，因此改入了江陵籍。张诚到了江陵后自食其力，有了余钱、余粮，还会施舍穷人、斋供和尚，因而生活常常处于困顿之中。张诚虽然生活寒苦，却深知读书的重要性，十分注重几个孩子的教育。

张居正的祖父，名镇，字东湖，是张诚的第二个儿子，但张镇既不读书，又不治产，一味放浪，最后在江陵辽王府充当护卫。张诚眼见儿子张镇读书无望，便催促他早点生育，将希望寄托到了孙子身上。

张居正的父亲，名文明，字治卿，别号观澜，是其祖父张诚的重点培养对象，张诚将全部心思都花在了张文明的身上，从小便教他读书、识字，期盼他考取功名、光宗耀祖。张文明20岁时，补上府学生，在科举时代，这也不失为一个好的发展，但他考了7次乡试，始终没有被录取。一直到张居正点了翰林，3年任满以后，张文明才终于考过乡试。

张居正天资聪颖，5岁入学，10岁便通六经大义。曾祖父张诚与父亲张文明对张居正的读书格外上心，时时相伴、悉心培养。在张家几代人对读书的坚持和追求下，终于造就了那个博学多识、成就非凡的张居正。

本之以情，秩之以礼

提到张居正，大家首先想到的是他政治生涯上的丰功伟绩和铁血手腕，以及面对政敌时的深沉机警与疾言厉色。殊不知，身为人父的张居正，在教育孩子方面，也有着特有的温情。张居正将祖辈的治家育人之道不遗余力地传承给自己的后代，又融入自身多年的阅历和经验，形成了独具特色的张氏家风。

张居正很重视家庭教育，他曾说："本之以情，秩之以礼，修之家庭之间，而孝弟之行立矣，独文也与哉。"教化不仅要依靠书本与课堂，良好的家庭环境对子女内心的塑造和日常言行的规范影响更大。

他还曾提到"君子垂世作则，不在族之繁微，而视其德意之凉厚"，君子留于后世的，不在于家族的盛衰，不在于财富的多少，最重要的是殷厚的品德与高尚的人格能传袭几多。

作为父亲的张居正，推崇西汉名臣万石君的教育风格，对子女管教极严。他常常教育孩子要约束自己的言行，不能追求金银财物，不能忙于置办家产，不能贪图荣华富贵，不许他们仗着自己的身份地位作威作福，更不许他们接受地方官员的贿赂、谋取私利。

张居正特别告诫孩子们衣食住行不能搞特权，要像普通百姓一样缴纳赋役，严格遵守社会法令。同样地，张居正也以身作则、严以律己，他在家里从来不谈公事，也不将政事带回家中，他的孩子们只能从政府公告中获知国家大事。如果子女在家里谈论国家大事，张居正会勃然大怒，严加斥责。

张居正的严格管教，让子女对他敬畏有加。孩子们每次去拜见张居正，如果他不主动询问，孩子们只会静静站到一旁，默默侍立。张居正在深夜思考问题时，孩子们是绝不敢上前打扰的。

以现在的眼光来看，这样的家庭教育，或许有些不近人情，缺少了一丝温度，但正是得益于张居正如此严厉的训导，才使得他在当政期间"虽亲子弟，无敢以毫厘干于官府"。即便儿子已为官一方，张居正也不忘时时提醒、教导他们谨言慎行、严格自律。由此可见，张居正虽然家教严厉，但对儿子却都是拳拳之心。

重视科举、鼓励求学

张居正一生有7个儿子，除一子早年夭折，留下的分别是长子敬修、次子嗣修、三子懋修、四子简修、五子允修、六子静修。张居正虽然对儿子们要求严格，但也非常疼爱他们，关心他们的前途命运。

张居正极力反对自家孩子像其他官宦子弟一样不思进取、坐等恩荫，鼓励他们努力求学、参加科考、入仕为官。为了让儿子们更好地读书，张居正经常搜集名著美文以提高他们的文化素养，培养他们的文学审美。为了应对科举的八股文，张居正亲自搜集

张居正书《彤帏高敞七律诗扇》

各省的督学试义,为孩子们讲解、点评。为了让儿子们和青年才俊交流学习,张居正广招天下人才,希望孩子们能在这些同龄人身上寻找奋发努力的方向,敦促自己进步。

沈懋学和写出了《牡丹亭》的汤显祖,是当时久负盛名的两位才子,张居正先后找到二人,请他们和自己的儿子们做朋友,切磋学问,不料被汤显祖拒绝了。沈懋学这边则爽快答应了,和张居正的次子嗣修结为好友,一起读书论道,相处融洽。万历五年(1577),二人同时参加考试,沈懋学第一,张嗣修第二,分别成为皇帝钦点的状元和榜眼。

万历八年(1580),张居正的三子懋修中了状元,同一科,长子敬修也考中进士,张家一时双喜临门。至此,张居正的6个儿子中,敬修、嗣修、懋修都成了进士,四子简修也被加恩授南镇抚司金书管事。这时的张居正春风得意,对儿子们的前途也甚是欣慰。然而,张家兄弟三人先后及第,却在社会上引起不少的质疑和责难。

其实，早在张居正之前的首辅杨廷和、翟銮都曾因儿子高中进士而引发非议，被反对派抓住把柄，罢官而去。张居正非但没有从中吸取教训，反而一门心思坚持教导儿子们走科举考试这条康庄大道。结果，他多年的努力和心血，不仅没有实现光宗耀祖的梦想，反而成为被秋后算账的口实。

一晃三载，时间来到万历十一年（1583），又是科考的一年，人们都猜测张居正的四子简修将会是本年的科甲人选，谁知随着张居正的猝然长逝，张家诸子的富贵也戛然而止。更可悲的是，张居正尸骨未寒，就有人弹劾他的儿子们倚仗父势、破坏科举，万历皇帝毫不犹豫地废除了张氏三子的功名。

张氏三兄弟被革职为民，之后又经历了家破人亡之祸，短短几年间，朝堂风云变幻，祸从天降。张居正万万没想到，自己苦心孤诣为儿子们谋求的前途，成了转瞬即逝的幻影……

以身示范、教子反思

张居正的儿子中，懋修的天资最好，张居正对他寄予厚望。张懋修自幼聪明伶俐，虽然生于首辅之家，却没有任何纨绔子弟的不良习气。在张居正的严厉管教下，懋修好学上进、刻苦读书，从小便将科考中第作为人生的方向和目标。张居正对懋修的学业也相当重视，专门聘请名师为他辅导功课。凡是见过张家公子的人，都认为三子懋修必定是第一个登第的人。

然而，事情往往有不遂人意的时候，懋修中举后，接连两次在礼部会试中失利。张居正对此虽然失望，但并没有一味指责，而是写了一封饱含殷切期望的家书《示季子懋修书》。

在信中,张居正先是指出懋修"忽染一种狂气,不量力而慕古,好矜己而自足",说他忽然沾染了一种狂傲之气,不自量力却仰慕古风,喜欢夸耀自己而自我满足。接着又毫不留情地指出懋修才学造诣平常,却好高骛远,涉猎太广,以至于南辕北辙。

而后,张居正回顾了自己年轻时狂妄自大的往事:"吾昔童稚登科,冒窃盛名,妄谓屈宋班马,了不异人。区区一第,唾手可得,乃弃其本业,而驰骛古典。比及三年,新功未完,旧业已芜。今追忆当时所为,适足以发笑而自点耳。"他用自己的亲身经历告诫儿子,不可狂妄自大。

最后,张居正语重心长地劝诫懋修:"吾诚爱汝之深,望汝之切,不意汝妄自菲薄,而甘为辕下驹也。汝宜加深思,毋甘自弃。假令才质驽下,分不可强;乃才可为而不为,谁之咎与?"既表达了对懋修的期盼,希望他好好反思自己,不要自暴自弃,又用"你本来就可以"来激发他的学习动力。

在父亲的谆谆教导下,懋修深刻自省、奋发苦读,终于在万历八年考中状元,圆了自己登科及第的梦想,也圆了父亲光宗耀祖的夙愿。

读人
从文弱书生到铁血首辅

江陵神童，少年登科

张居正出生在嘉靖四年（1525）五月初三日，大人物的出生，大都伴随着一些传说。据说张居正的母亲一天晚上看到房间里出现一束火光，直冲天际，而后一个青衣童子，从天上慢慢走下来，围着床转了几圈，之后，张居正的母亲赵氏就怀孕了。

敬修的《文忠公行实》中还提到在张居正出生的前夕，他的曾祖父张诚做了一个梦，梦到月亮落在水瓮里，照得满瓮发亮，之后一个白龟跟着水光浮了上来。

于是张居正出生后，张诚根据自己的梦境，以"白龟"的谐音给自己的曾孙取名为"白圭"。嘉靖十五年（1536），张居正考生员的时候，荆州府知府李士翱认为白圭两字不妥，替他改名"居正"。

张居正2岁的时候，大家就看出了他的聪慧。有一天，他的叔父张龙湫正在读《孟子》，张居正在旁边，张龙湫就和他玩笑道："你能认出'王曰'二字才算本事！"没想到几天过后再见面时，张居正竟然真的认出"王曰"二字，因此得到神童的名称。

自5岁入学起，张居正靠聪明才智在荆州府就已年少成名。12岁时，在荆州府投考，考官出题《南郡奇童赋》，张居正很快就交了卷，令学政和荆州府都惊异得不得了，让他补了府学生。荆州府考过以后，转年张居正又到武昌应乡试，这次要是考中，便是举人了。本来湖广按察佥事陈束很欣赏他的这份考卷，主张录取。但是湖广巡抚顾璘认为13岁的孩子就中举人，以后便会自满，这对居正是不利的，就想趁此给他一些挫折，使他更能奋发，于是这次就没有录取张居正。

试想我们当下，如果有位老师为了考验你故意让你落榜，对于一个十二三岁的孩子来说，我们会如何想这位老师？能当即理解他的良苦用心呢，还是有可能记恨于他？可能对普通孩子来讲，后者居多吧。而13岁的张居正却从那时就表现出了比同龄人更成熟的思想，非但没有埋怨顾璘，反而对他心存感激。他曾这样说："仆昔年十三，大司寇东桥顾公，时为敝省巡抚，一见即许以国士，呼为小友……仆自以童幼，岂敢妄意今日？然心感公之知，恩以死报，中心藏之，未尝敢忘。"

一个人盛极之时，身边往往多是捧赞之人，而能有一两位顾璘这样理智又为其考虑的伯乐实属难得。而张居正多年后身为重臣，依然能初衷不改、心怀感恩，这二人可算是"双向奔赴"的情谊了。

3年后，也就是嘉靖十九年（1540），张居正再应乡试，成功中第。然而到嘉靖二十三年（1544）入京会试时却失败了。又过了3年，23岁的张居正再次入京参加会试、殿试，这次成功得中二甲进士，选庶吉士。自此，张居正终于踏上了属于他的政治生涯。

深沉机警，勇于任事

嘉靖二十六年（1547），张居正初入政坛，此时的政治大权都在世宗手里。虽然年轻的世宗也是一位"英明"的君主，然而，早已燃尽进取之心的他自嘉靖十八年（1539）便不再视朝，一切政务，都在颓废中消磨了。当时的内阁大学士只有夏言、严嵩二人。在嘉靖二十三年以后，严嵩曾经当过一年有余的首辅，在转年九月起用夏言后，严嵩退为次辅。之后，夏言在和严嵩的斗争中失败了，严嵩才复为首辅。

张居正自入翰林院以后，因其勤奋和才能，不但受到了当时的掌院徐阶的器重，就连任职在裕王府里的大宦官李芳等人有事也向他请教，于是逐渐有了盛誉。但在不断的政治斗争里，张居正敏锐地感受到了时局上的危机四伏和人际关系上的诡谲微妙，他不得不谨言慎行、审时度势。他像蜗牛一样，小心翼翼地伸出触角，或左或右，或前或后地探寻着政治上的支援。

当时，最受嘉靖皇帝宠信，权倾朝野又一再掀起恶风恶浪的是内阁大学士严嵩。为了保全自己，也为了能在政坛中存活下来，张居正曾经撰写青词，以文字诗酒示好严嵩。这虽然是他一生难以洗刷的污垢，但为了扭转政局，最后制胜严嵩，有时说一些违心之言、做一些违心之事，又何尝不是形势所迫呢？

彼时的张居正已经表现出了超出年纪的深沉和机警，他在为将来鞠躬尽瘁、匡扶国祚而卧薪尝胆！明代史学家王世贞在为张居正作传时，指出其人"深沉有城府，莫能测也"。寥寥一笔，就勾勒出张居正最重要的个性之一。

张居正的夙愿，是把整个生命贡献给国家。他曾经有过两句偈语：愿以深心奉尘刹，不予自身求利益。

神宗继位后，改年号万历，47岁的张居正于这一年成为首辅，属于他的时代终于来了！此后，张居正大权独揽、主持国政，他的

明代万历皇帝明神宗朱翊钧坐像

政治才能终于可以施展了。但是,当时的明王朝百病丛生、危机四伏,"京师十里之外,大盗十百为群,贪风不止,民怨日深",社会危机一触即发。面对这个烂摊子,张居正没有退缩,勇敢地承担起了自己的责任,为了政局的稳定,他力排众议,推行新政。

张居正充分利用皇帝幼弱,"以冲龄践祚,举天下大政一以委公"的特定时机,以与李太后、冯保结成的政治铁三角为依托,用之前写成的《论时政疏》和《陈六事疏》作为施政纲领,针对万历初年存在的最突出、最严重的社会、经济和政治等问题,进行了大刀阔斧的改革。他通过选贤任能、重整朝纲、清丈田粮、一条鞭法、开源节流等举措,努力减轻百姓负担,令朝廷内外气象一新,也使得万历初期成了明朝最为富庶的一个时期。

· 名句赏析 ·

> 谋之不深,而行之不远。
> 人取小,我取大。
> 人视近,我视远。
> 未雨绸缪,智者所为也。

谋划得不够缜密,则无法实行得长远。他人图小利,而我取大利;他人看重眼前,而我放眼未来。未雨绸缪,这才是智慧之人的作为。

赏析:

　　舍小求大、未雨绸缪,是张居正一生宦海沉浮秉承的原则,说他曲意逢迎也好,说他城府极深也罢,我们无可否认,正是这样的步步为营才成就了大明第一首辅,也正是张居正才成就了明代数十年的基业不倒。

　　所谓谋定而后动,人无远虑必有近忧,五百年前云谲波诡的朝堂之上如此,五百年后瞬息万变的当今社会更是如此,只有打开格局、放眼未来、懂得取舍,我们的家、我们的国才能得以绵延万代、生生不息地持续发展。

· 名句赏析 ·

> 心以积疑而起悟,
> 学以渐博而相通。

心中产生疑问,这才是领悟的开始,做学问只有广泛涉猎、博览群书,知识才能融会贯通。

赏析:

古人重视求知,张家尤甚,这从张居正的人生经历就能看出。而古人所说的求知,既包括做学问,也包括做人之道。一个人只有把知识学到心里,才会有疑问,疑问代表精进的开始,这就是为什么老师们往往更喜欢善于提问的学生。

但疑问并非个个都可以立时解决,所以张居正又强调要"渐博",即广泛求学,在一个专业中遇到瓶颈,从其他学科或许能发现新角度,而且博闻强识也会为你积累为人处世的经验。

这句话本身并没有什么深奥难懂的内涵,但将两个半句的第一个字连起来,不正是"心学"二字吗?王阳明"心即理"观点的提出,如一次国内的思想启蒙运动,瞬间席卷了整个大明王朝,又于后世不断传习,上及帝王人臣,下至文士学子,都在推崇学习心学,张居正作为一朝首辅,也将心学思想融入了自己的教子理念中。

大浪淘沙中的一叶孤舟

临危受命，力挽狂澜

张居正的时代，正值16世纪中期，当时的世界刚经历过文艺复兴与大航海时代，战争与发展是世界的主流。

再看明朝。

张居正一生跨越明代嘉靖、隆庆、万历三朝。他出生和生长于嘉靖朝，建功立业始于隆庆朝，极盛、辞世、家败于万历朝初期。

可以说，张居正所处的这半个多世纪，国内也是风云多变、政局混乱。嘉靖皇帝深居内宫，炼丹修道，二十余年不上朝理政；到了隆庆时期，内

·延伸阅读·

· 1531—1532年
西班牙人弗朗西斯科·皮萨罗率远征军征服了印加帝国。

· 1541—1546年
西班牙殖民者侵占尤卡坦半岛，玛雅人的独立发展被打断。

· 1547年
莫斯科大公伊凡四世亲政，改称"沙皇"。

· 1565年
西班牙殖民者占领菲律宾，作为在东方进行贸易的根据地。

· 1581—1584年
俄国征服了乌拉尔山脉以东的蒙古人汗国。

大航海时代,欧洲的船只首次到达大洋洲

阁权势加重,主持内阁事务的首辅,虽然没有宰相之名,却有宰相之实。隆庆皇帝在位六年,碌碌无为,甚至遇到国家大事,他也不发一言,内阁才是国家的权力中枢。

皇权的不作为,为内阁留下了极大的权力空间,内阁中的阁员因此上演着一幕幕你死我活的斗争。彼时全国财政入不敷出,而开支仍旧日益增加。北有鞑靼入侵,南有土司叛乱,东南倭寇骚扰……大明身处四面楚歌的情势之下,国无宁日。

在这样内忧外患、国将不国的社会危机下,张居正临危受命,于万历元年(1573)主持朝政,大力推行改革,为明朝换来数十年的安宁国势,张居正的改革被史学界称为"万历新政"。

张居正从政治、经济、军事等方面进行全面的整顿革新,整顿吏治,推行一条鞭法,并积极操练兵马,扭转嘉靖、隆庆以来的经济困顿、边防松弛和政治腐败的颓势。在他执政以及其后的二三十年间，北境始终没有发生过大的战争。

但张居正的改革，触动了大地主和豪门贵族的根本利益，于是他刚刚病逝，各方反对势力就纷纷出来抵制新法，在他们的推动下，除了一条鞭法得到保留，其他改革措施都遭到废除，轰轰烈烈的"万历新政"，最后以失败告终。

张居正的改革对当时的朝廷有再造之功，对后世也有不朽的功绩，如今职场上的绩效考核，就是在张居正考成法的基础上完善而来的。

最后一个主权独立的万国之国

相较于对唐宋的如数家珍，大明王朝留在我们印象中最重要的两个闪光点应该是"郑和下西洋"和中国"资本主义萌芽的诞生"。

明朝在我国历史上地位特殊，它是居于两个少数民族政权中的汉人王朝；它是真正意义上最后一个主动影响世界格局，最后一个坚守主权的封建王朝；文学及思想上，无论是"阳明心学"还是四大名著中三大杰作的诞生，都进一步反促了经济和政治体制的变革。

我国的明朝位于世界的中世纪时期，海上贸易的飞速进步以及海上殖民扩张是这一时期最突出的代名词。

明永乐年起的"郑和下西洋"绝对是当时的世界盛事，郑和的商队足迹遍布南洋、印度洋，甚至远及非洲，虽然于当时有着扩大明朝朝贡体系的直接贡献，于世界有着进一步促进东西方融合发展的长远意义，但"郑和下西洋"本质依然是消耗国力的行为，明朝"万国之国"的虚荣随着宣德年间郑和最后一次下西洋的结束终为泡影。

海上贸易虽然没有给封建体制顽固的中国带来太多福祉，却为促进世界其他国家资本主义的完全建立起到了推波助澜的作用。16世纪是地理大发现达到顶峰的时期，封闭的世界格局被进一步打破，庞大的世界市场逐步形成，资本主义与封建主义在这一百年间一决胜负，16世纪也因此成为世界中世纪史与近代史的分水岭。

商业革命的爆发、海上贸易的繁盛、天生奇才的江南人士……这些因素汇聚的结果就是明末资本主义萌芽的诞生。拥有着庞大的人口基数，先进的工业和手工业、丰富的商品种类，如果明朝没有在腐败与故步自封中灭亡，我们或许才是世界上第一个完成工业革命的国家，但历史没有假设，时间也无法倒退……

然而无论如何，资本主义的兴起同样唤醒了国人对于物质生活与精神世界的进一步追求，我们耳熟能详的

位于马六甲市红屋的郑和石像

四大名著中的三部都成书于明朝，这个时期的文学家、思想家开始着眼于讨论主观的人性，而不再以神为中心，与之遥相呼应的是出现于意大利，被称为世界史上最伟大的思想运动之一的文艺复兴。文艺复兴不仅启迪了人们对于解放思想、崇尚理性的追求，更引发了世界文学艺术界名家辈出的"井喷"现象。

明朝的皇帝不是沉迷修醮，就是贪图享乐，不是一味彰显国威，就是饱受边境侵扰，但这不意味着他们就不重视科技发展。相反地，明朝在科学上的许多研究和发现都走在世界前列，我国在明朝时就发现了导数，比牛顿还要早；大明先进的煤炭开采技术，被英国学习和改良，在工业革命中大放异彩；此外，明代的科学家已经可以冶炼锌铜合金，这在当时的世界上可谓独一份！

张居正生活的年代，虽然未能目睹"郑和下西洋"的盛况，也没有听到万千工厂之中的机器轰隆，但正是他殚精竭虑争取而来的难得的数十年和平年代，才使得大明王朝能在朝堂内忧外患、边境蠢蠢欲动、海外虎视眈眈的困境中又坚挺了六十多个年头！

不走弯路的质朴教育

——朱用纯与《朱子家训》

人物小传

朱用纯（1617—1688），江南昆山（今属江苏）人，字致一，自号柏庐。明时考中秀才，清初居乡教授学生。其专治程朱理学，提倡知行并进，留有著作《治家格言》，世称《朱子家训》。

榜样的力量是非常神奇和强大的，有一个优秀的学习对象，能引导和激励我们朝更高的山峰攀爬，我想，这就是为什么古往今来，人们总爱向那些功成名就的大人物借鉴学习。我们收集整理他们言谈著作，流传后世，他们日常的生活经验和教子训诫，也被我们奉为家训箴言，瞻仰学习。

但你知道吗，历史上还有这么一位名人，他一生既没有什么战功政绩，也不是什么名臣良将，但他的家训被上至帝王将相，下到贩夫走卒交相传诵，甚至街头巷尾的童子都能传唱一二，是典型的作品比人红。他就是写出百年治家之经《朱子家训》的大教育家朱用纯。

提起朱用纯这个名字，大多数人可能略感陌生，对《朱子家训》或许也难说了解，但提起"一粥一饭，当思来处不易""未雨绸缪""言多必失"这些耳熟能详的谚语成语，你肯定又会恍然大悟。没错，这些在当今流传甚广的典故都出自这部《朱子家训》。

《朱子家训》篇幅精短，只有寥寥五百余字，但字字珠玑、对仗工整，极富文学性，且书中内容既蕴含了"修齐治平"之道的儒家思想，又囊括了学习、居家、财务、婚丧等许多平民生活的点滴细节，因此成了清代以来流传度最高的家训格言。怎么形容它当时的流行程度呢？清人严可均在《铁桥漫稿》中描述："江淮以南皆悬之壁，称'朱子家训'，盖尊之若考亭焉。"家家户户把此家训题刻在墙壁上，方便时时学习，可见其风靡盛况。康熙帝与乾隆帝都曾命人将它翻译成满文，作为皇室子嗣的童蒙读物。

一生不禄真隐士，万世流传此一篇！能写出得帝王推崇、百姓传诵的经典之作，为人却又如此低调神秘，这个朱用纯究竟是何许人也？他到底有什么过人之处？他的身上又有哪些精彩的传奇故事呢？这部《朱子家训》为我们后世留下了什么？就让我们带着一连串的疑问走入朱用纯的家风故事吧！

读书
至清、至明、至理,"三位合一"

居室当无尘,饭谷视如珍

朱用纯一生都没有入朝为官,但早年的他也不是和功名完全绝缘的。因为出身于书香世家,朱用纯幼年就展现了极高的学习天赋,他17岁就考中了秀才。如果人生可以这样平顺地继续,历史上的名臣中必定有他的一席之地,可惜人生没有如果……

明朝的覆灭彻底断送了朱用纯的入仕之路,战乱也使他们的家产荡然无存,朱用纯根本来不及感时伤怀,就要为全家的生计犯难。

幸运的是,朱用纯积累的学识和名气成了他最大的助力,在远亲的推荐下,他找到了一份家庭教师的工作。这份工作对于年轻的朱用纯来说,既专业对口又体面,还解决了全家的温饱问题,所以朱用纯格外珍惜。

作为一名教师,朱用纯一生秉承"身体力行"的教育方式,对于自己的处世和治学观点,他先是做到严于律己,再严格地要求学生和子女。比如《朱子家训》开篇即说"黎明即起,洒扫庭除,要内外整洁",朱用纯把一个家的整洁看作一日之计的第一要务,他本人也是这样做的。在学生家教书的这段时间,朱用纯坚持每天鸡鸣就起床,亲自把整个庭院打扫干净,把课桌收拾得干净整洁,再准备好教材,认真备课,从不懈怠。他的悉心教导为他的第一批学生打下了非常坚实的蒙学基础，也获得了家长的认可和尊敬。

古语有云"一屋不扫何以扫天下"，儒家思想也将齐家放在治国的前面，作为儒学的集大成者，朱用纯尤为重视这一点。如果说一个人的衣着是他的外在门面，那宅院的整洁就是他的内在门面。我们与人交往时，看到这个人每天衣着干练整洁，会觉得他至少是一个对自己要求高、生活习惯好的人。

朱用纯虽然从教一生，桃李满天下，但由于他清廉无私的品性，以及民间私塾教师这个职业毕竟和从政为官的俸禄不可同日而语，可以说朱用纯的一生并不算富足，只能做到有衣有饭。正因为如此，朱家也形成了勤俭节约的家风。朱用纯的妻子陶氏是个勤俭持家的人，她打理着全家的吃穿用度，细心地规划家里的开销，在朱用纯七十大寿的时候，宴席依旧全是素菜，甚至陶氏临终之前，一再叮嘱自己的葬礼要从简。

"一粥一饭，当思来处不易"，这应该是《朱子家训》中最脍炙人口的一句名言。中华民族以农业为立国之本，珍惜粮食自古都是上到王亲贵族，下到黎民百姓都要传承的美德。无论是"谁知盘中餐，粒粒皆辛苦"，还是"时人不识农家苦，将谓田中谷自生"，古往今来关于珍惜粮食的诗作不胜枚举。当今时代，国家更是把"杜绝浪费"当成一个治国方针大力推行，随着"光盘行动"等在中小学校园中的开展，节约的传统美德在素质教育中得到了更好的融合。

随着科技越来越先进，我们的眼界和与世界的边界被打开，大到整个社会中，小到邻里之间、校园之内，攀比之风在一种社会大背景下愈演愈烈，甚至影响到我们的社交和生活，曾几何时，出手不够大方可能会被定义为人品的吝啬。但《朱子家训》告诉我们，节俭并不是小气的表现，而是在物质条件基本能够满足生活必需的前提下，可以用更多的财力和精力经营与提高自己的精神世界，把金钱花在更有意义的地方。而且大家有没有想过，节约的另一个层面，是更合理地再循环利用我们的现有资源。

良言一句三冬暖，恶语伤人六月寒

《朱子家训》中还有一句流传甚广的话，就是"处世戒多言，言多必失"。朱用纯做了一辈子教师，他的口才和表达能力自不必说，但朱老师却告诉我们为人处世要尽量少说多看。当代社会竞争激烈，更善于展现自己的人才能获得更多的机会，那朱老师的这句话和当代的价值传达背道而驰了吗？当然不是！有人之所以这样想，很可能是因为没有读懂朱用纯这句话的精髓，就在于一个"失"字！

能言善辩固然是一种优秀的语言能力和沟通能力，但要用在恰当的地方，在辩论、诉讼或为自己澄清时，需要我们有清晰的逻辑和优秀的口才。但我们日常生活的多数时候，与他人的沟通和共事往往需要更委婉温和的方式，因为表达越多，越容易暴露自己的无知和武断。

每个人都是复杂的个体，我们的经历和思维是如此不同，要真正全面了解一个人谈何容易！朱用纯提醒我们，对于遇到的任何人任何事，一定要多听多看，不要急于表达自己的立场，更不要站在道德的制高点随意做出评判，因为我们所了解的"事实"也可能是片面的、被诱导的，轻者可能会造成误解，严重的会造成无法挽回的后果。

当代社会网络发达,我们接收一个讯息可能只需要短短几分钟,我们表达的方式也更加丰富便捷,评判与下定论的成本与风险大大降低,这也导致愿意花时间和精力去分辨真假的人越来越少,网络暴力正是在这样的环境背景下催生出来的。虽然各大平台开始呼吁净化我们的网络环境,但那些关闭评论、被迫退网,甚至酿成悲剧的事情每天仍在上演。"良言一句三冬暖,恶语伤人六月寒",我们无法衡量来自陌生人的善意有多大的力量,同样地,陌生人的恶意所造成的杀伤力也难以估量!

当然,因为人本身就是主观性的,我们在与人交往中,难免因为种种原因产生冲突。在争执中,人们的第一反应就是情绪激动,进而迸发激烈的言论争吵甚至肢体冲突,因此朱用纯在《朱子家训》中这样教育后辈:"因事相争,安知非我之不是,须平心暗想。"

在与他人相争中,还能保持一个理智自省的态度,是非常难得的,所以控制情绪一度成为当代人自我修行的热门话题。从辩证的角度出发,任何事物都不是单向的,万事万物都有两面性。当一件事演变成双方的争执,无论当下的一方有多么充分的理由,此刻都是"肇事者"之一。在意识到一件事开始朝不可控的方向或结果发展时,要学着从自我角度进行改变,先做自省和总结,稳定情绪,才能化争吵为沟通,况且单纯的情绪发泄对问题的解决起不到任何作用,反而会浪费大量的时间,进而破坏双方的关系。更何况,愤怒的情绪本身也会影响我们的身心健康,这样看来,事事争先简直是个有百害而无一利的事情啊!

不慕虚荣权贵，一心只读圣贤

教书育人是教师最本职的工作，每位老师当然都希望自己的学生可以成才，有一个远大前程。儒家学说把读圣贤书视作立身之本，朱用纯也强调了读书的重要性："子孙虽愚，经书不可不读""读书志在圣贤，非徒科第"。

朱用纯主动放弃了入仕的机会，隐于乡间，却始终关注着社会局势。明清之际正是商品经济飞速发展的时期，随着拜金主义、奢靡之风的盛行，更多的人开始弃儒从商、追名逐利，看到这样世风日下、礼崩乐坏的现状，朱用纯在悲叹之余，强烈的社会责任感驱使他必须站出来，为扭转社会风气尽自己的绵薄之力，"欲以塞河填海故智，于狂澜日下之势与诸君共挽回于万一"，朱用纯在《辞诸子听讲》里是这样阐述他的办学初衷的。朱用纯虽然鼓励和提倡读书，但却明确指出，读书的根本目的是学习圣贤之道，提高修养、开阔眼界，而不是为了考取功名、光宗耀祖。

"科名之显亲，其荣一时。而德业之显亲，其荣非可世计。"许多人认为只有扬名立万才能让自己的亲人家族备感荣光，但朱用纯却意识到，靠外在的荣誉光耀自己的家族，不如靠德行更加踏实和长久。我们应该都听过"木秀于林，风必摧之"这句话，试想一个人获得了高官厚禄，名声在外，是不是更容易成为大家关注的重点？当他的言行举止被放大，反而更容易招致祸端，进而他的家人也会跟着忧惧，甚至受到牵连，这正是朱用纯想要警醒我们的。

反观当代社会，仍然有许多父母只看重成绩，而忽略人品的教育，将大部分的教育责任归到了学校和老师身上，而忽视了自己作为孩子的首任老师的角色，殊不知父母以身作则，为孩子树立一个正确的价值观，会影响孩子一生的发展道路。在重视功成名就的封建社会，作为正统思想的儒家学说都认识到了道德修养远比学识重要得多，我们当代人是不是也该反思一下了呢？

17世纪英国唯物主义哲学家洛克提出过"白板说"，他认为人的心灵如同一块白板，只有后天的经验活动才让其产生感觉和思维，进而有了个人的精神与人类的知识。"白板说"强调了后天教育对一个人人格的形成具有决定性的作用。而我们在走入社会前的第一堂课是在家庭教育中习得的，一个人如果在家庭中能够培养良好的生活习惯、高尚的品行、优秀的道德修养，那么在社会上行走也会愈加轻松，获得更多的接纳和帮助。《朱子家训》教导我们的，正是这种生活经验和处世智慧。

读人
身在远山，心怀尘缘

《朱子家训》之所以能做到跨越阶层和时空广为流传，除了它蕴含了儒家最经典的思想，语言朗朗上口之外，还在于其中所讲的内容更接近寻常百姓的日常生活，没有高屋建瓴的论调，十分接地气。这自然和朱用纯一生不做官，没有那些官风官气有关。虽然时代不断更迭，但家训中的许多内容依然对当代社会生活有许多借鉴价值，朱用纯更是我国文学史、教育史上少有的，不靠著作，而靠人格魅力名垂青史的伟大人物。

虎父无犬子，一诺胜千金

　　细心的你可能早就发现，朱用纯的姓氏和大明皇帝同出一家。是的，你想的没错，朱家的祖上的确是明皇族的远亲。而且朱家世代也是江南的文化望族，人称"玉峰朱氏"。

　　朱用纯的父亲朱集璜同样以教书为业，是当地极有名望的大儒，名望与成就远在朱用纯之上。当时复社兴起，反对封建中央集权，倡导政治民主，朱父与复社成员交好，在和他们一同讨论政事中培养了一颗拳拳爱国心和刚正不阿的性格。在朱父的影响下，少年朱用纯也有着强烈的报国雄心。前面说过，如果岁月静好，朱用纯本可以幸福地度过自己功成名就的一生，但在顺治二年（1645），一切都变了！

　　这年五月，清军攻陷南京，并一路南下，在平定江南后，重申了"削发令"。削发令对于已经国破家亡的明朝遗民来说，无疑是更深一层精神上的羞辱。随着各地反抗势力的揭竿而起，朱集璜与一众志士在昆山发动了抗清起义，19岁的朱用纯也毅然加入其中。或许是大明气数已尽，加上民兵的战力薄弱，昆山起义军很快被训练有素的清军击垮。眼看大势已去，朱集璜指挥长子朱用纯带着身怀六甲的母亲和年幼的弟弟趁乱出逃，自己则选择以死殉国。临别时，他语重心长地嘱托朱用纯要拼死照顾好母亲和兄弟，还要立誓终生不为大清效力。这段话成了父子二人的诀别，也成为朱用纯终守一生的承诺。

父亲的死对朱用纯打击极大，但肩负父亲嘱托的他无法追随父亲而去，于是朱用纯以西晋的大孝子王裒自比，给自己取号"柏庐"，带着母亲和弟弟避难他乡。

王裒是西晋时的学者，因父亲为司马昭所杀，王裒立誓不臣西晋，朝廷多次征召都被他严词拒绝，反而隐居山中办学授课。王裒在父亲的坟墓旁盖了草庐，早晚到墓前跪拜，并手扶柏树痛哭，眼泪滴在树木上，树木都枯萎了，这就是"庐墓攀柏"的典故。

朱用纯觉得自己的身世和王裒极为相似，又敬佩王裒的孝心和气节，于是效仿他，淡泊明志、潜心教徒，一生没踏入仕途半步。朱用纯以身体力行展现着明末文人一诺千金的品行和矢志不渝的高尚气节，梁启超在《中国近三百年学术史》中称赞他"气节品格能自异于流俗者"。

思想超时代，名师出高徒

明朝末年皇权岌岌可危，社会上危机四伏，倡导经世致用的实学思潮便在这样的时代背景下应运而生了。朱用纯和父亲朱集璜一样，也是实学思想的支持者。在教书中他反对针对应试教育而生的八股文，认为其毫无实用价值，他强调读书要服务于现实，要有助于提高自己的德行修养。这种具有早期启蒙思想的观点，闪耀着先进教学理念的光芒！

作为一名优秀的教师，朱用纯不但教育思想超前，还善于钻研和开发形式多样的教学方法。比如他在教书中强调激发学生的主观能动性，经常让学生自主讨论，从而得出自己的认知和理解。

他在《与潘生咸正》里谈到这种教学方式:"以先圣贤书——证合,当所在有长进,讲论时自不患左支右绌也。"即学生之间共同讨论知识点,可以互相补充,弥补自己观点的不足。他的这种方式在今天是主流的教学方法,在当时却不可谓不先进。

在朱用纯悉心的指导下,他的学生中涌现了一大批优秀的人才,真正做到了桃李满天下。王醇叔是朱用纯的得意门生之一,他学识广博,曾进士及第,以他的才学,入朝为官是件很容易的事。但王醇叔却深受朱用纯不仕的影响,在朝廷做了三年官就厌倦了,他借奉养母亲的托词早早辞官归乡,全身心致力于公益事业,不再出山。王醇叔对恩师朱用纯一直十分尊敬,即使自己早已名声在外,还会拿着自己的文章来请老师指正。朱用纯对这个学生也赞赏有加,经常说"你本已极富才华,我其实已经没什么可教导你的"。朱用纯和王醇叔相互认同相互欣赏的态度很好地印证了"名师出高徒"这句话。

每个班上都有一个"调皮生",朱老师的班级也不例外。他班上的叶廷玉,早年很顽劣,让朱用纯很是头疼,但他从不当堂批评学生,为每一个孩子留足情面。他先后给叶廷玉写了八封信,晓之以理动之以情地进行引导和规劝,叶廷玉最终理解了老师的良苦用心,开始发愤读书。学成之后的叶廷玉不忘师恩,尽心地孝敬朱用纯。一年冬天的雪夜,叶廷玉侍候朱用纯用膳,吃到一半,朱用纯突然一声叹息。叶廷玉赶紧询问原因,朱用纯说,这么寒冷的天气让我忽然想起一位故友,他的生活非常窘困,不知道此时他有没有御寒的衣服和食物。叶廷玉没有多说,只是劝慰老师不要忧虑,暂且畅饮当下。第二天,叶廷玉就默默准备了十斛白米送给老师的那位朋友。叶廷玉虽然与那人素昧平生,但出于对老师的孝敬,他可以爱屋及乌地善待老师的朋友。而此次师徒之间的互动,也能让我们看到纯良高尚的品格在两代人之间的传承。

妻贤弟恭,胜过黄金万两

陶氏一生追随朱用纯四十余年,甘于清贫,又深明大义,她一直全力支持丈夫的所有决定,将家中大大小小的事一并承担,从不让朱用纯操心。在朱家白手起家的时候,陶氏一边操持家务一边打零工贴补家用,毫无怨言。朱用纯如果要招待学生或者宴请亲朋,陶氏就会早早安排好一切宴饮之物。朱用纯56岁这年受东山席氏的聘请去教书,友人要为他饯别,彼时陶氏也是年近六十,而且身有痼疾,但她依然亲自下厨,买肉置酒,准备果品。

陶氏不仅能干,为人还非常纯良聪慧,作为朱家的儿媳,她和朱氏兄妹相处得十分融洽,所以在弟弟妹妹成家之后,一家人依然和乐地居住在同一屋檐下。朱用纯的三弟英年早逝,留下了年幼的儿子朱导诚。陶氏毅然承担起了抚养导诚的义务,直至后来导诚正式过继为朱用纯的嗣子,成年后尽心地赡养两位老人。

《朱子家训》中有这样一句:"兄弟叔侄,须分多润寡。"陶氏正是用自己的身体力行向后辈做出了表率。古代的家庭,越是大家族,子嗣越是众多,家族之间因为利益关系你争我夺的情况数见不鲜。但我们也要知道,兄弟亲眷,是我们在这个世界上除父母之外最亲近的人,兄友弟恭、家族和睦,不仅是一个家庭和平安宁的前提,也是一个家族兴旺的根本。当今社会独生子女的家庭现状更加普遍,对于我们当代人来说,互帮互助更多体现在远亲和友邻。甚至再延伸一下，我们国家目前的建设方针强调"一带一路"，先富带后富，这正体现着"分多润寡"的思想，把我们的国家视作了一个大家庭，这个"大家"强盛了，我们的小家才会更加地踏实安定。

不计身家，打开格局

朱用纯的一生其实是异常矛盾的一生，他学识渊博，却不考取功名；他轻视虚名，却又积极办学，鼓励学生出人头地。家仇国恨和与父亲的誓约，将朱用纯的入仕之路彻底封死，但他对于后辈科考的态度呢？是"为官心存君国，岂计身家"。

纵观朱用纯的一生，是严格贯彻不做官、不二臣的决心的。但对于子女和学生从政为官的意愿，他非但不严令禁止，甚至持鼓励态度。但他也告诫后辈，不做官则罢，做官就要把君和国放在首位，舍小家为大家！这时候的朱用纯是完全抛开家仇私怨，站在一个更大的格局上看待为官这件事。读书，考取功名，不是为了抬高自己的身家，在为国效力中实现自己的价值，才是学有所得。这正与我们当代所说"在投身社会建设中实现自己的价值"不谋而合。

·名句赏析·

> 施惠无念，受恩莫忘。

对他人施以恩惠，不要总记在心上；受了别人的恩惠，时刻不能忘记。

赏析：

这段话只有短短八个字，但展现的却是一种极高的人生境界。我们在社会上生存，难免会有需要别人帮助的时候，也不会避免对他人施以援手的情况。

小到为他人指路，大到为他人推荐工作、金钱资助，雪中送炭的恩惠或可常念于心，但锦上添花的事，试问我们有几个人能做到铭记一生呢？相反，当今社会上发生的种种利用别人的善念欺骗于人的事情，更是让我们对乐善好施越来越望而却步了。

三国时，曹操有一位谋臣名许攸，他在官渡之战，以及之后奠定曹魏基业中，都起到了决定性的作用，曹操对他也是感念有加。但许攸是一个自负又口无遮拦的人，投入曹操麾下后，他经常和周围人谈论自己的功绩，不分场合，甚至直呼曹操的小名："阿瞒啊，要是没有我，你早就死了！"这样居功自傲又令主公颜面尽失的行为，终于激怒了曹操，将他下狱处死了。

虽然说许攸之死是个极端的例子，其中他自己的个性是主要的原因，但这个故事也警示我们，常常把对别人的恩惠挂在嘴边，不但会暴露自己的狭隘和小气，也会招致对方的反感。

· 名句赏析 ·

> 凡事当留余地，得意不宜再往。

无论做任何事都要留有余地，得意的时候也要适可而止，不要得寸进尺。

赏析：

　　这段话同样表现一种非常高的境界。我们可以理解为它是从儒家的中庸之道中演化而来的，是一种圆润柔和的处世之道。

　　《桐城县志》记载有这样一件轶事：康熙年间的礼部尚书张英，他的老家人与邻居吴家在家宅面积上发生了争执，张家人就飞书京城，想让张英凭借自己的地位"摆平"吴家，谁知张英在了解此事后，只写了一首诗回复："一纸书来只为墙，让他三尺又何妨。长城万里今犹在，不见当年秦始皇。"张家人看到书信后，主动退让了三尺，吴家人深受触动，也让出了三尺，"六尺巷"因此得名。张英的故事为我们验证了"忍一时风平浪静，退一步海阔天空"的道理。

　　而从另一个维度来看，凡事留余地也是一种可持续发展的先锋观念，万事万物的运行都遵循一个"度"。"度"就是自然的规律，遵从这个规律，懂得资源的合理利用和分配，才能使一个民族甚至整个世界获得更久远的发展。

终与大变革的末班车失之交臂

"新世界"序幕下的群星闪耀

如果说历史上发生的一切都是一种必然，那么资本主义的诞生就是17世纪的必然。在世界贸易之路被大航海运动全面打开之后，资本原始积累以一种摧枯拉朽的气势猛烈冲击着旧有的封建专制体系。圈地运动以暴力的手段强行消灭着小农经济，为资本主义的顺利推进铺平了前路。从1640年开始爆发的资产阶级革命直接开创了新的历史，将整个世界拉进了近代

· 延伸阅读 ·

· 1620年
英国百余名清教徒乘"五月花号"航船渡海赴美，在北美新英格兰建普利茅斯殖民地。

· 1633—1639年
日本幕府连续五次颁布"锁国令"，确立了此后200余年的"锁国体制"。

· 1640年
英国资产阶级革命爆发。

· 1649年
英国国王查理一世受到审判，并被送上断头台。

1664年
法国成立东印度公司，开始侵略印度。

史的篇章!

　　思想上,全欧洲人民正在接受着文艺复兴、宗教改革、启蒙运动这三大思想解放运动的洗礼。伽利略、牛顿、开普勒……这些世界科学史上最耀眼的伟人都活跃在17世纪,他们在科学史上的重大发现和革新让"科学技术是第一生产力"这句话一直唱响到今时今日,这些伟大科学家们经典的学习故事也为全世界津津乐道。

　　关于牛顿和苹果的经典桥段,大概许多人都能倒背如流了。那么,我们就来说说另一位物理学家伽利略的求学轶事。

　　文学的发展在于思辨,科学的进步则在于不断地提问和实验。青年时期的伽利略就因为喜欢提问让他的老师十分"头疼"。一次胚胎学课上,老师讲到父亲体格的强弱决定了母亲生男孩还是女孩,强壮就会生男孩,柔弱就会生女孩。老师的话音刚落,伽利略就提出疑问:"老师,我的邻居一家,男的就很强壮,可是他妻子一连生了5个女儿,这和您讲的理论不符啊!"被质疑的老师十分

手持望远镜的伽利略

不快,他说:"我是依照古希腊的著名学者亚里士多德的理论讲的,不可能错!"伽利略又继续反问:"难道亚里士多德的话就不会有错吗?科学必须与事实相符才叫真的科学啊!"老师当堂被问得哑口无言,很是下不来台。事后,伽利略受到了校方的批评,但这丝毫没有令他感到挫败,反而更加激励了他坚持本心、追求真理的精神,也正是因为有这种精神力量的支持,才将伽利略锻造成为未来的科学巨匠。

故步自封的帝王绝唱

朱用纯生于天启七年(1627),这一年正是明朝最后一位皇帝崇祯帝登基之年。大明王朝是从少数民族统治者手中夺取的政权,我们能看出明太祖为了恢复传统封建统治所做出的一系列的改制和努力,但又未免有点矫枉过正,许多改革都是朱元璋一个人独断的决策。他废除了相位,加剧了君主的独裁,过于严苛的刑罚又彻底堵住了进谏之口,因此钱穆在《国史大纲》中这样评价明朝:"明代是中国传统政治之再建,然而恶化了。恶化的主因,便在洪武废相。"

到了明朝末年,整个国家已经陷入重重危机之中,为官不理政事,土地兼并严重,种田的多,交税的少,整个国家入不敷出。求生无门的百姓最终被迫走上揭竿而起的起义之路,明朝这座摇摇欲坠的大厦终于走向倾覆。

最终,清军叩开了大明的国门。清军入关初期,为了尽快巩固政权,摧毁反抗势力,采取了不少极端的血腥镇压政策,直到顺治

《多铎得胜图》

此图上部有"得胜图。顺治二年五月十五日,我大清兵定南京"等字样,描绘的正是清军南下攻克金陵纳降,以及南明弘光朝皇帝朱由崧狼狈出逃的历史瞬间,又名《多铎入南京图》。画幅正中骑马扬鞭者即是清军总指挥定国公多铎。现藏于中国国家博物馆

帝安稳坐定北京城，国势稍定，清朝的统治者才改镇压为温和的招抚政策。康熙皇帝即位后，继续贯彻先皇的怀柔政策，为了进一步缓和明清的矛盾，招拢有才学的明朝遗老，特设了博学鸿儒科，并命令各地官员举荐遗民中的士人大儒。名声在外的朱用纯自然多次都在征召之列，但都被遵从父亲遗愿的他一次次严词回绝了。

话表两支，朱用纯生于明清交替的江南水乡，钟灵毓秀的江南自古就是孕育名士大才的圣地，深厚的文化底蕴以及书香之家的氛围为朱用纯的学识累积创设了得天独厚的条件。随着清政府开始推行温和宽容的政策，在他们有意识的招抚下，越来越多明朝士人从乡野山间走入清朝的官场之中，他们对清政府的态度，由排斥逐渐变为接纳、认同，本来"铁板一块"的遗民社会终于慢慢瓦解，直至反清守节的呐喊最终消散在历史的尘埃中。与此同时，清朝的统治者十分推崇儒家思想，重视教育的发展，他们施行的种种举措都有利于朱用纯自由办学，开放教学。

借着宋元两代对外开放的春风，明朝的手工业得以蓬勃发展，商品经济空前活跃，独立手工工场在江南的涌现，代表着明朝出现了真正的资本主义萌芽，如果随着这个形势发展下去，未来几百年的中国很可能以睥睨天下的姿态依然立于世界之巅。遗憾的是，明太祖因自身眼界的问题，彻底关上了中国与世界对话的大门，海禁制度、军户制度……让中国从这时开始逐渐与世界拉开了距离，即使永乐时代浩浩荡荡的"郑和下西洋"也不过是封建统治者为了彰显国威所做的最后的绝唱罢了！

皇家教子秘本
——康熙帝与《庭训格言》

人物小传

康熙帝（1654—1722），即清圣祖爱新觉罗·玄烨。8岁即位，在位期间，政绩卓著，除鳌拜，削三藩，攻灭台湾郑氏政权，击退沙俄侵略军，平定准噶尔，开创了多民族统一的盛世。

提到康熙帝，大家应该都不会陌生，他是《鹿鼎记》中智擒鳌拜的少年天子，是《康熙王朝》里怒斥群臣的一代明君，是《康熙微服私访记》里体恤民情的"布衣"皇帝……

清十二帝中，历来对康熙帝的载誉最高。擒鳌拜、平三藩、收台湾、西学东渐、三征噶尔丹、为康乾盛世奠基……康熙帝以他卓越的文韬武略在历史上留下了浓墨重彩的功绩。

但你知道吗？这样一位睥睨天下的君王，私下里却是个"操碎了心"的慈父。从学习、健体、养生、交友……各方面，康熙帝对子女的关怀可以说无微不至。在康熙帝的悉心教导下，他的子女大多能文能武、德才兼备，八王爷胤禩治国有方、十四王爷胤禵统军有术，更不要说执法刚猛、大兴改革的雍正皇帝！

要问我们当代人又是从哪获知的，这就归功于雍正皇帝了。所谓"虎父无犬子",盛年登基的雍正帝继承了乃父的才能和作风,对"康乾盛世"起到了承上启下的重要作用。但他认为自己的成就离不开父亲的教诲,于是将其追述整理成文,名为《庭训格言》,并将它定为皇室的祖训,为历任皇帝遵循。

  一代明君开盛世,千古家训警后人。《庭训格言》随着爱新觉罗家族一代代子孙的重视和推崇,一直流传到今日,我们发现它对当代的教育特别是家庭教育,依然有着辩证的指导和借鉴价值。要知道《庭训格言》中记载的康熙帝日常教育子女的言谈和训诫,大多是他自身的经验之谈。翻开《庭训格言》,身处21世纪的我们仿佛穿越到了几百年前的紫禁城,和皇子们坐在同一片宫瓦下,聆听着康熙帝的谆谆教导,这是多么酷的一件事啊!

读书
垂髫到白首，读书不辍

我们当代的教育将知识和技能分成了不同的学科，其实古人也类似，他们将其分为礼、乐、射、御、书、数六个大门类，合称"六艺"。作为马背上的民族，满人看重对孩子骑射和武力的训练，与此同时，清朝皇室又非常推崇儒学思想，所以"六艺"就成了清朝皇子们的必修课。从康熙帝主持编纂《康熙字典》、雍正年间"单色釉彩"那令人惊叹的审美，再到著诗四万首的乾隆帝……你是不是突然就理解了，为什么历史上的清朝皇帝个个都是"德智体美劳"全面发展的全才！

因为清朝非常推崇儒学思想，所以他们将读书看得与骑射同等重要，甚至更高。这一方面，康熙帝无疑是最有发言权的代表之一。然而说到康熙帝读书生涯的起始，却掺杂着丝丝苦涩……

于童年的荒漠中开出花来

要说哪里不对，那一定是康熙帝出生的时机不对。当时顺治皇帝专宠董鄂妃，对其他嫔妃和子嗣根本爱答不理，清王室的规定，嫔妃之子又不能由生母抚养，必须交由乳母，所以小康熙帝从出生就没有享受过父母的疼爱。好在他从小生得机灵可爱，身为祖母的孝庄太后一直对他青眼有加。

康熙帝5岁这年,一日来给生母请安。佟佳氏看着他机灵的小模样,不自觉说道:"快快长大吧,长大就可以读书了!"小康熙帝不解地问:"为什么长大了才能读书?我现在也能学会!"这番话令佟佳氏很是惊喜,于是在她和孝庄太后的建议下,顺治帝安排康熙帝和兄长一同进入了书房读书。

5岁的康熙帝个子小小的,连高大的门槛都迈不过去,每每去书房都要侍卫将他抱过层层宫门。但他坚持读书、日日不断,刻苦的程度令所有师生刮目相看。

每个孩子都有调皮的天性,康熙帝也不例外。一次老师让大家背诵《论语》中的一篇,聪明过人的他很快背会了,就要出去玩,老师叫住他:"三阿哥虽然背会了文章,但其中的含义真的懂了吗?"老师提出的"读书百遍,其义自见"的观点令康熙帝醍醐灌顶,从此课上规定的每篇文章他必读120遍,再背120遍,遇到好的观点,会反复和老师同学们讲论,直到吃透记牢。

正是由于这种严谨不苟的求学态度,康熙帝小小年纪就已熟读"四书五经",并深解其意。更为难得的是,康熙帝将坚持读书的好习惯贯彻了一生,无论政务多忙,他都要利用所有空余时间读书学习,甚至咳血了也没有懈怠过。

在《庭训格言》中,康熙帝教导子女读书要"一日必进一步,方不虚度时日。大凡世间一技一艺,其始学也,不胜其难……所以初学贵有决定不移之志,又贵有勇猛精进之心"。

我们当代的学习理念,早就不提倡废寝忘食的极端方法,而更强调劳逸结合。但我们也要懂得,无论什么学科,学成都没有捷径,所谓"万事开头难",学习与作战一样,一定要有勇敢向前的不服输的精神。只要持之以恒,就肯定会有新的收获和见解,自己的学业也会有突飞猛进的效果。每天复习总结的时候，我们也可以"吾日三省吾身"，今天的你比昨天更进步了吗？

依照康熙帝说的，只要每天刻苦读书，把所有学科的内容烂熟于心，严格依照书本知识，是不是就能应对生活中的所有事了？司马光在《资治通鉴》中写道："兼听则明，偏信则暗。"你瞧，睿智的古人早就给我们答案了！

一个人的能力与见识总是有限的，作为这个社会上的群居生物，我们不可能完全脱离他人而独立生存，在生活中，我们总会有遇到困惑和瓶颈的时刻。更何况当今社会更强调团队协作，一次成功的投标，一次拔河比赛，一台科学实验，一场联欢会……都是需要大家集思广益、通力合作才能完成的。

但当今科技时代，信息的来源和传递是如此丰富快捷，微博、微信公众号等诸多渠道令我们应接不暇。不能很好地辨别，很容易形成错误的引导。回想一下，我们在学习生活中，有没有因为急躁和偏听，误解过身边的朋友，或者把事情搞砸？正如《庭训格言》中所说："舜好问而好察迩言，不自用而好问，固美矣；然不可不察其是否也。故又继之以好察。"对于别人的建议，不可尽信，要通过认真地考察甄别，选取最恰当的方案，才能高效而完美地完成任务。瞧！康熙帝几百年前的见解在当今社会是不是依然非常实用！

种一棵树最好的时间是十年前，其次是现在

其实仔细想想，锲而不舍、兼听则明这些道理古已有之，康熙

帝不过是在前人智慧的基础上结合自己的亲身经验来教育子女。只是这样的话，那康熙帝也没什么了不起的吧？如果你产生了这样的疑问，就请再读读下面这段话，它同样出自《庭训格言》。

"凡事可论贵贱老少，惟读书不问贵贱老少。"

这句话的意思不难理解，世间所有的事都要分贵贱老少，只有读书是不分贵贱老少的！与其说这段话是康熙帝讲给孩子们的，倒不如说它更值得我们当代的父母们深思。

近些年流行一个词——"中国式父母"。什么是"中国式父母"？概括来说，就是一切从孩子的学业或者未来出发，完全舍弃自我价值实现的一代父母。他们或穷尽一生拼命赚钱，或背井离乡陪孩子求学，或搭建人脉为孩子的"未来"铺路……怎么样，这类父母我们是不是毫不陌生？他们可能是你同学的父母，是你邻居的父母，也可能就是你的父母！他们完全牺牲自我，将所有的希望都寄托在孩子身上，哪怕这个希望超出了孩子的承受能力。他们布满愁苦的眉宇间似乎在呐喊着：我这一切都是为了你！我们这代不行了，就指望你们这代了！

康熙帝的这句话无疑狠狠地给他们上了一课！学习，从来不分老少，自我实现，从来没有时间的限制！姜子牙72岁得遇周文王；黄忠64岁投靠刘备；重耳成为晋文公时已经62岁了……我国历史上关于大器晚成的名人故事不胜枚举，他们在功成名就之前从未放弃过奋斗，在古代那样艰苦的生存环境下也从未停下前进的脚步。反观我们当代人，有着先人留下的五千年的文明精华，有着先进科技提供的丰富资源，有着平等的学习机会，又有什么理由自暴自弃呢？与其给孩子施加压力，不如和他们在同一条跑道上并肩，不服老、不认输，这才是新时代的家长该有的样子，不是吗？

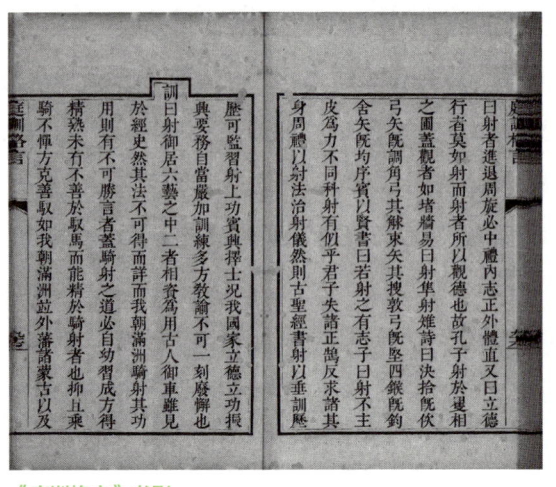

《庭训格言》书影

读书从来都不是一个单一的课题，它固然需要我们的刻苦和坚持，但良好的学习氛围也会起到事半功倍的效果。正所谓活到老学到老，父母是孩子的第一任老师，康熙帝在几百年前就能看到读书的这两个维度。怎么样，读到这对他的敬佩是不是又多了几分？

正是由于《庭训格言》中的观点实用且朴实，所以它不仅是清朝皇室历代沿袭的祖训圣言，也为许多后世的朝臣和学者所推崇。康熙帝的众多"粉丝"中最出名的当数晚清名臣曾国藩。他在教导曾纪泽、曾纪鸿时说道："吾教尔兄弟不在多书，但以圣祖之《庭训格言》、张公之《聪训斋语》二种为教，句句皆吾肺腑所欲言。"曾国藩不仅自己践行着康熙帝的训诫，成为一代名臣，他的几个儿子也用杰出的才能回报了他的悉心栽培。

读人
文韬武略，知人善用

用当下最流行的一个词形容，康熙帝的综合能力就是恐怖的"六边形战士"！他一生不仅创作了上千首诗作，组织编纂了《康熙字典》，还亲自实地测量，并组织专业队伍，绘制了《皇舆全览图》，英国的科学史家李约瑟在《中国科学技术史》中评价它"是亚洲当时所有地图中最好的一份。而且比当时的所有欧洲地图都更好、更精确"。

所谓"时势造英雄"，身处根基尚浅、举国百废待兴的过渡时期，康熙帝的帝王生涯注定充满了惊心动魄。在诸多传奇经历中，有这么几件事不可不提。

彪悍的人生需要解释

由于特殊的时代背景，康熙帝年仅8岁就被推上了帝王之位。8岁之于我们代表什么？是每日晨昏父母的相接相送，是伴着风清鸟鸣的琅琅读书声，是老师的教导、同学的友情……8岁之于康熙帝，是尔虞我诈的朝堂，是云谲波诡的斗争……

幼年康熙帝虽然贵为一国之君，实权却一直由四位辅臣执掌。那时朝中既有满族官员，也有前明的汉人为官，更有外国的洋学者，各方势力相互排挤，时间一长，就闹出了一件大事。

当时的钦天监任用洋人汤若望主事，汤若望不仅精通历法，还熟知自然科学和医学，顺治帝敬称他为"玛法"（爷爷），可见他当时在朝中的地位。原钦天监主事杨光先对此极为不满。康熙帝11岁这年，中华大地突然瘟疫肆虐，这本来是天灾，杨光先却将罪责归咎到汤若望等人身上，认为正是他们用西方的《时宪历》代替了传统的《大统历》，才使得百姓遭受灾祸。辅臣之一的苏克萨哈听信杨光先的谗言，随即搜集证据将汤若望等人下狱。康熙帝为了救汤若望等人，提议进行一次中西历法的较量。这天在午门，以杨光先为代表的"大统历一派"和以汤若望为代表的"时宪历一派"比试谁能更精准地推算日食的时间，最终汤若望一派大获全胜，成功自救，这就是著名的"午门推演"。

"午门推演"落幕后，康熙帝的心里却长出一根刺，因为他发现当时满朝文武之中，竟然没有一个人能看懂汤若望的推算方法。

汤若望肖像

既然不懂其中的道理，又怎么正确判断是非曲直呢？也就是从这时开始，康熙帝意识到了学习西方知识的重要性，于是他亲自拜这些"洋老师"为师，刻苦钻研西学。

法国著名科学家白晋在《康熙帝传》中写道："康熙帝带着极大的兴趣学习西方科学，每天都要花几个小时和我们在一起……尽管我们谨慎地早早就来到宫中，但他还是经常在我们到达之前就准备好了……"正是这种寻根问底和持之以恒的精神，加上自身的聪慧过人，康熙帝在天文、医学和数学等方面都取得了非凡的成就，成为中国历史上唯一一位精通西学的皇帝。

"午门推演"还暴露了另外一件事，就是随着四位辅臣日益嚣张的气焰，康熙帝已经意识到自己的皇权受到极大的威胁，除掉四辅臣迫在眉睫。于是他卧薪尝胆了8年时间，私下培养布库少年，最终用计智擒鳌拜。随着鳌拜的伏法，辅臣势力也彻底土崩瓦解。

就在康熙帝重获实权仅仅一年之后，盘踞一方的三藩又开始蠢蠢欲动，造反的传言甚嚣尘上。康熙帝曾想通过一场鸿门宴逼迫三王撤藩，但以失败告终，被迫走上武力征讨的道路，直到三藩平定，他又用了整整8年。

在三藩战事正焦灼的那段时间，康熙帝为了稳定军心，每日假意去景山骑马射箭，都城内其实已经没有屯兵，只有一些老弱病残。于是有人趁机散布谣言：前方大军在浴血奋战，皇帝此时却还有心思游玩？康熙帝对此置若罔闻，直到三藩平定，他才感叹，那时自己如果有一分一毫的惶恐，影响民心，都可能造成严重的后果。他在《庭训格言》里回忆道："当时，朕若稍有疑惧之意，则人心摇动，或致意外，未可知也……自古帝王如朕自幼阅历艰难者甚少。今海内承平，回思前者，数年之间如何阅历，转觉悚然可惧矣！古人云：'居安思危。'正此之谓也。"

面对战争和家国存亡，没有人不惶恐。康熙帝作为一国君主，以他泰山崩于前而色不变的超凡胆识告诉我们一个道理：成大事者，一定要有处变不惊的心理素质，和必胜的信心！

历史往前追溯，"临危不惧"的最著名事例莫过于诸葛亮的"空城计"。当时面对司马懿的15万大军，诸葛亮同样面临城中只有2500老弱病残的处境，他利用了对手的多疑，以自己的急智和处变不惊的军事家风范，成功上演了"不战而屈人之兵"的战场奇迹。

面对困难时能够临危不惧，坐享太平时也要"居安思危"，社会与时代的发展都不是一帆风顺的，康熙帝告诉我们，积累强大的抗风险能力才能时刻把握自己命运的主导权。

如果说除四臣、平三藩时期的康熙帝，行事依然略显稚嫩凌厉，那么收复台湾和亲征噶尔丹则展现了成熟沉稳的帝王风范。

施琅是顺治帝时归顺清廷的前明将领，曾协助顺治帝立下不少战功。在康熙帝平定三藩后，施琅提出了收复台湾的建议。在此之前康熙帝也曾数次派兵，却都无功而返。当时施琅的儿子又被台湾的守军俘获，朝臣都提醒康熙帝，施琅此去台湾必反，是康熙帝最信任的内阁之一李光地力挺施琅，才打消了康熙帝的顾虑。于是他力排众议，任命施琅领兵出征台湾，出发前，他把施琅叫到身前，当面对他说："举国上下的人都认为你到了台湾会背叛我，我想你如果不去台湾，反而无法证明你不会反叛了。"并在后面的作战中给予施琅全力的支持。施琅也没有辜负康熙帝的信任，凭借自己丰富的海战经验和对对手的熟知，一举平定台湾。

这边刚收复台湾，漠北的噶尔丹受到俄国的怂恿，领兵进犯内蒙古，同当地的清军直接发生了军事冲突，时年37岁的康熙帝

清代宫廷画师绘制的《钦定平定台湾凯旋图》

决定亲征噶尔丹。从1690年到1697年，康熙帝先后三次征讨，他身先士卒、寸步不让，出击迅猛果决，最终击败噶尔丹，收并喀尔喀蒙古，维护了民族的统一。大将丹济拉曾经追随噶尔丹与康熙帝为敌，兵败后归顺清廷。康熙帝身边的人都劝他提防丹济拉，康熙帝说，他既然归顺了，就是我的臣子！于是接见丹济拉时，让他坐在自己的身边，赐给他自己的衣服帽子，两个人一起用刀切肉吃，旁边没有任何人。康熙帝的坦诚大方将丹济拉感动得热泪盈眶，誓为大清终身效力。

兵法讲究"用人不疑疑人不用"，作为杰出的政治家，康熙帝将"攻心之术"运用得驾轻就熟。但不可否认，正是由于康熙帝任人唯贤、不计身份地招贤纳士，才为他吸纳了一批优秀又忠心的人才，他们在康熙帝的执政生涯中立下了汗马功劳。

千古一帝的无尽柔情

如果说康熙帝将他一世的英名神武都献给了他的国家和臣民，那么他所有的柔情，则留给了他最敬爱的孝庄太后。

康熙帝从登基到亲政，经历了无数艰难险阻，这中间给予他最大支持的非孝庄太后莫属。在康熙帝的执政之路上，孝庄太后协助他清除了所有的障碍，因此他对这位皇祖母也是孝敬有加。

孝庄太后经常到五台山礼佛，但山路崎岖难行，康熙帝就准备了八抬暖轿。但孝庄太后仁慈，念及校尉们行走艰难，坚决不坐，康熙帝只好命暖轿一路随行。走了一段路，孝庄太后所乘的车果然不稳，康熙帝又劝她换轿，孝庄太后以为轿子哪能说到就到，直到看到随行的暖轿，不由得感动地轻抚康熙帝的脊背："车轿这种小事你都能安排得如此周到，真是大孝哇！"

又一次孝庄太后身体不适，康熙帝长达35个昼夜服侍左右，所用饮食物品无不准备齐全。孝庄太后本来没有食欲，有时故意说一些难找的食物，康熙帝都能当即奉上。孝庄太后感极而泣："我年老多病，实在不想吃东西，向你要难找的东西，是为了搪塞你让你宽心，没想到你早就准备好了。如此的大孝，希望天下的臣民以及后世都能效仿你！"

随着科技的发展，快节奏的生活使当代人承受着沉重的学业和工作压力，很多人或求学在外，或异地打工，亲情往往要通过电话和视频来维系。我们是否在某个静谧的夜晚回想过，自己已经有多久没有看到父母的笑脸，又有多久没有陪他们吃一顿家常便饭了？父母日益佝偻的脊背是不是背负了太多的牵挂，父母日益增多的白发是不是凝结了太多的愁思？

繁华的物质生活已经基本能满足所有人的需求,但在父母面前我们总是显得局促迟疑。其实孝敬老人,哪有这么复杂?父母一生为我们付出,从不索取,他们要的不过是一句遥远的关怀、一颗真诚的心,想他们之所想,这才是真的孝道。所以康熙帝在《庭训格言》中这样教导子女:"凡人尽孝道,欲得父母之欢心者,不在衣食之奉养也。惟持善心,行合道理,以慰父母而得其欢心,斯可谓真孝者矣。"

树欲静而风不止,在日新月异的当代社会,我们追求的不应该是经历过什么,而应该是能抓住什么!希望当下的每位读者,都能从放下书的一刻行动起来,给父母一个温暖的拥抱,或者一通久违的电话……

清代孝庄太后朝服像

· 名句赏析 ·

> 朕生性不喜价值太贵之物。出游之处，所得树根或可观之石，围场所获野兽之角或爪牙，以至木叶之类，必随其质而成一应用之器。即此观之，天下之物，虽最不值价者，以作有用之器，即不可弃也。

我生性不喜欢太贵重的东西。出游的地方，所得到的树根、可观赏的石头，围场获得的野兽角或爪牙，甚至木头树叶，根据它的性质一定有其用途。这样看来，天下之物，即使最不值钱的，如果能做成有用的器具，就不可以随意丢弃了。

赏析：

　　出身皇室正如现在的富一代富二代，他们所接触的本来就是最高档、最贵重的东西。但康熙帝却能看到世间万物的本质，再价值连城也不如有用武之地。他对于子女的告诫同样适用于当代社会。

　　独生子女的现状使得每个家庭都希望将最好的给孩子，随着科技的飞速发展，当代孩子接触的东西越发五花八门，攀比之风也从家庭蔓延至校园。我们的教育提倡返璞归真、杜绝铺张攀比，好的东西不一定是名牌，实用才是真正的价值所在！

· 名句赏析 ·

漆器之中，洋漆最佳，故人皆以洋人为巧，所作为佳。却不知漆之为物，宜潮湿而不宜干燥。中国地燥尘多，所以漆器之色最暗，观之似粗陋。洋地在海中，潮湿无尘，所以漆器之色极其华美。此皆各处水土使然，并非洋人所作之佳，中国人所作之不及也。

漆器之中洋器最好，所以人们都认为是洋人心灵手巧，做的漆器质量才上乘。却不知漆这种东西，适宜潮湿却不适宜干燥。中国的土地多干燥，所以漆器颜色最暗，看上去很粗糙。西洋地处海中，潮湿无尘，所以漆器颜色华美。这是各地水土不同的原因，并不是洋人的东西就好，中国的就不好。

赏析：

　　清朝时中西文化的交流进入一个新时期，接触到越来越多的"洋玩意"，也令一些国人衍生了崇洋媚外的思想，康熙用自己的知识强有力地抨击了这种观念。

　　中国有上下五千年的历史文化，自古我们就有很强的民族自信心。在世界多元化、一体化发展的今天，我们更应该保持这种自信，任何民族、任何文化都有它的独特之处和优点，吸纳别国优秀文化的前提，首先是不能丢弃自己的传统和经典。

· 名句赏析 ·

> 春至时和,百花尚铺一段锦绣,好鸟且啭无数佳音。何况为人在世,幸遇升平,安居乐业,自当立一番好言,行一番好事,使无愧于今生,方为从化之良民,而无憾于盛世矣。

春天的时候,百花尚且知道恣意绽放以装点山河,鸟儿也百啭千啼纵声歌唱。何况人生在世,有幸遇到太平年代,安居乐业,应当立好言,行好事,使自己无愧一生。这才是听从教化的良民的样子,才能无愧于这个盛世。

赏析:

　　康熙帝穷尽一生,从兵荒马乱中一步一步引领大清走向太平盛世,他最懂得安宁的来之不易。既有幸生于盛世,我们更应该多说多做一些积极向上、有利国家的言行,才无愧于前人为我们创造的安乐。

　　康熙帝的这段训言有着超前且现实的教育意义。特别是近几年整个世界都在经历大大小小的考验。我们这代人依然能衣食无忧,享受良好的资源,是有人在负重前行,是强大的国家做我们的坚实后盾。我们应该心存感恩,满怀正能量,积极拥护国家的各项举措,决不能瞧不起自己的国家和民族,一言一行都要无愧于当世,无愧于国家!

读世界

站在风口浪尖紧握住日月旋转

· 延伸阅读 ·

· 1654年
苏格兰被合并于英国。

· 1660—1688年
英国斯图亚特王朝复辟时期。

· 1661—1715年
法国波旁王朝路易十四时代。

· 1697年
俄国沙皇彼得一世派遣使团出使西欧,考察西方国情,自己扮成随员随团出访。

· 1701—1713年
西班牙王位继承战争,英国成为最大受益者,国际地位逐步上升。

世界格局带来的千载机遇

在大航海时代之前,很多国家之间还是各自独立存在的。是迪亚士、哥伦布、麦哲伦这些人驾着求知的船,拓宽了世界文明的边界,连通了各国互通有无的海上之路。

康熙帝的执政时间大约是从17世纪中期到18世纪初期,此时各国之间的贸易和学术往来已经非常普遍。欧洲的艺术刚刚经历文艺复兴的洗礼,各种流派百家争鸣;自然科学领域有牛顿提出的三大定律；天文学界在"哥白尼日心说"的影响下正在迈向新的纪元……康熙帝再一次以其杰出的远见卓识抓住了西学东渐的最佳时机，所以当时可以看到世界各国的优秀学者和科学家齐聚清宫的盛况：任职钦天监的是比利时的南怀仁，康熙帝的数学老师是法国的白晋，音乐老师是葡萄牙的徐日升，意大利的著名画师郎世宁更是多次出现在我们的文学作品中……

值得一提的是，当时世界范围内还有两位与康熙帝齐名的君主，一位是俄国的彼得大帝，一位是法国的路易十四。

白晋就是路易十四时法国派去中国的众多传教士之一，他在路易十四面前不遗余力地表达着对康熙帝的敬佩和称赞，这使得路易十四对康熙帝乃至大清印象极佳，可以说在推动中法两国的文化交流和西学东渐上，白晋和路易十四都发挥了非常重要的作用。

法国学院派画家保罗·德拉罗什绘《彼得大帝肖像》

而彼得大帝则在人生经历上和康熙帝有着诸多的相似。他4岁时父亲去世，10岁时异母姐姐索菲亚公主发动了宫廷政变，将彼得母子赶出了皇宫。但少年彼得展露了和少年康熙帝一样惊人的学习天赋，不仅很早就对西欧知识表现出极大兴趣，还组织操练自己的军团，在17岁这年卷土重来，从索菲亚手中夺取了政权。怎么样，连夺回皇权的年纪都如此相近，彼得大帝和康熙之间是不是有种惺惺相惜的神奇之处？

同康熙帝一样，彼得大帝一直秉承身体力行的求学态度，他组建考察船队出使西欧各国，自己则乔装打扮随同前往。他把自己称作"一个求学问道的学生"，不仅积极学习造船、木工等技艺，还考察西欧的政治制度，他有着深远的眼光，积极聘请西欧的学者和科学家去俄国任职。回国后，彼得大帝开始大刀阔斧地改革，从政治、工业到教育，涉及几乎所有领域，最终建立了强大的俄罗斯帝国！

中国封建时代的最后一个盛世王朝

如果说当时欧洲各地爆发的大革命，为康熙帝在世界范围内提供了一个难得的相对宽松的发展空间，那国内的形势对于康熙帝而言则是挑战与机遇共存的！

在明朝覆灭前夕，中华大地已是积贫积弱、饿殍遍野。清军入关后，迅速确立自己的政权，并调整治国方针。连年的战乱使百姓人口锐减、大片耕地荒废，顺治帝即位后一改多尔衮时激进的镇压政策为镇压与诱降结合的政策，他致力于调和满汉矛盾，安定民心，发展生产。

康熙帝在晚年提出了"滋生人丁，永不加赋"的制度，振兴人口，为百姓减轻赋税压力，也为"康乾盛世"的开启清除了最大的障碍。雍正帝和乾隆帝基本贯彻了康熙帝的治国方针，他们对外维护边疆的安定、政权的统一，对内重视黄河的治理、奖励开荒、减轻百姓负担，改革财政、推广作物，大兴农业、商业和手工业。康熙六十一年（1722），户部库存有800多万两，乾隆四十二年（1777）增至了8000余万两。从康熙到乾隆的134年间，中国的经济收入稳居世界第一，人口激增，国力强盛，"康乾盛世"的繁荣放眼当时的全世界都是前所未有的！

《庭训格言》中有这样一段话："古人尝言：'三年耕，必有一年之积；九年耕，必有三年之积。'此先事预防之至计，所当讲求于平日者……国计若是，家计亦然……用度有准，丰俭得中，安分养福，子孙常守。"

其大意是，我们的先辈，每每耕种必有积蓄，用以预防灾年。一国之计如此，一家之计亦如此。根据自己的收入制定支出的量，富足与节俭均衡得当，安分守己涵养福报，子孙也要经常遵守。

康熙帝的这段话是在劝诫子女处理国计民生要注意防患未然，留有足够的储备，与此同时他也提出了"可持续发展"的超前观点。中国自古以农为本，我们将大地称为母亲，正是因为它养育了一代又一代华夏儿女。古人在大兴农业的同时，还能做到维持自然生态的平衡，意识到人与自然只有和谐共处，一个民族才能延续下去。相比当今恶劣的环境形势，他们的环保意识和深谋远虑的智慧难道不值得我们深思吗？

一封书信万里心
——林则徐与《林则徐家书》

人物小传

林则徐（1785—1850），清末政治家。字元抚，一字少穆，福建侯官（今福州）人。嘉庆进士，曾修治黄河、浏河等水利。道光十八年（1838）在湖广总督任内，严厉禁烟，成效卓著，为禁烟派代表人物。12月受命为钦差大臣，前往广东查禁鸦片，在虎门海滩当众销毁鸦片237万多斤。

说到北京最著名的观光项目,"天安门升旗"一定能排在前三。高大的国旗杆矗立在首都的中轴线上,当第一缕日光穿云而下,在庄严的国歌声中,五星红旗如一团孤傲而炽烈的火焰,徐徐升起,撼人心魄!从国旗杆沿着中轴线继续往前走,下一处景观就是庄严的人民英雄纪念碑。纪念碑高大雄伟,代表着中国人民对革命烈士的铭记与缅怀!在碑座的四周,镶嵌着十块汉白玉浮雕,第一幅就是著名的"虎门销烟"!

两袖清风担华夏,一片澄心映乾坤!"虎门销烟"打响了抗击帝国主义的第一枪,也拉开了中国近代史的序幕!林则徐既是领导人民抗击外敌的民族英雄,也是唤醒国人独立意识的先驱领袖!从26岁进士及第,林则徐数次升迁,又屡遭贬谪,一生为他热爱的大清帝国肝脑涂地,即使生命的最后时刻,依然在赴任的路上……

为母守丧期间,他被皇帝特召复职;妻子离世之时,他为治理暴乱日理万机;鸦片战争激战正酣,他在远谪的路上愤懑而无力;在给家人的书信中,他三句不离政务,五句不离国事……林则徐一生清廉高洁,他的妻子明德贤惠,三个儿子不是在京任职,就是一方长官。林家忠仁严孝的家风和林则徐伟大的爱国精神及人格魅力,都深蕴在一封封家书之中!

读书
春风化雨，润物无声

林则徐的说话之道

林则徐生活的中晚清时期，靠考取功名谋求生路还是大多数读书人的首选。林父是位教书先生，林则徐4岁的时候，父亲就带他一同在书塾读书。林则徐从小就展露出过人的才华，一次老师带着学生游鼓山绝顶峰，让他们以"山""海"二字作七言对联，在别的孩子还在埋头苦思的时候，林则徐已经脱口而出"海到无边天作岸，山登绝顶我为峰"，老师和同学都交口称奇，此时的林则徐不过八九岁。

14岁中秀才，20岁中举人，26岁高中进士，走上仕途。有着这样人生履历的林则徐，不可谓不富才学。但后世提到林则徐，总会提起他伟大的历史功绩，却忽略了他的文学成就。

在父辈的影响和教导下，林则徐非常重视读书。对于子女的教育，特别是文学知识以及为人处世方面，他有着自己独特而系统的方法。由于很早就受邀做文书起草工作，林则徐练就了文学性与应用性兼具的文笔风格。多年的官场经验，又使他非常精通说话之道，在与家人子女的沟通中，他很注意循序渐进、娓娓而谈，语言温和又严谨，往往能达到润物无声的效果。

林则徐的长子林汝舟同样少年得志，1838年，24岁的林汝舟考中进士在京任职，而林则徐则刚刚以钦差大臣的身份赴广东禁烟。彼时鸦片的流毒早已蔓延整个中国,远在广东的林则徐了解到京中许多官员开始沾染鸦片,并听说林汝舟在京结交了众多朋友,还经常晚归晚睡,于是特意写了封《复长儿汝舟》加以训导。但细心的林则徐非常注意沟通方式,字里行间既没有劈头盖脸的批评,也没有咄咄逼人的训诫,反而处处关怀,令人读来如沐春风。

开篇第一句林则徐先是问候了家人的近况和林汝舟的身体,这是他的习惯,在他的大多数家书中,都以互相问候起笔,由此可见在林则徐心中,家人的平安健康是排在第一位的。关心完儿子,林则徐开始交代自己广东的生活,说自己一切都好,但唯一焦心的就是鸦片问题,又顺理成章地问道:"闻此风已传至各地……京中情况如何?"将话题引入正轨。其实前面我们已经提到,林则徐写这封家书的目的就是叮嘱儿子远离鸦片和小人,但他却只在家事中轻描淡写地引出鸦片问题,这远比开门见山要更加自然和易于接受,可见他在动笔之前一定做了仔细的斟酌。

话到这里,林则徐依然没有直接追问儿子"你有没有沾染鸦片?有没有结交不良子弟?"而是先陈述鸦片的危害,他将鸦片比作毒酒和借贷,吸食鸦片就像饮鸩止渴,非但不会强健体魄,反而会越发委顿,只得反复吸食。这就像我们为了短暂的资金周转去借贷,本质无疑是拆东墙补西墙,雪球只会越滚越大,最后不死不休。这样形象生动的比喻,要比冰冷的陈述更直击人心,而林则徐文思的精妙也能从中略窥一二。随后他浅浅地提醒道"吾儿须牢记之,甚勿堕入也"。既表明了自己的意图,又不会让孩子抵触畏惧,点到即止,却能达到很好的效果。

之后林则徐话锋一转,说自己听闻儿子最近睡得很晚,提醒他做事要有定时,同时指出"况京官究属清闲,一至夕阳在山,已可出部……"古人提倡"一日之计在于晨"，晨起而昏定，所作所为要有计划有定时，才能提高效率、保证质量，无谓的拖延并不能创造价值。林则徐也是从京官做起，京官的工作量他十分清楚，在岗期间可以完成的工作，没有必要拖到加班。林则徐的这种观点也更贴合当今社会和职场，对我们依然有非常实用的借鉴价值。

这封家书写于鸦片战争爆发的两年之前，当时的京城，官员们腐败成风，吸食鸦片成瘾，整天拉帮结派、寻欢作乐，对于林汝舟是否交友不慎、沾染恶习，林则徐也有担忧，但他不喜欢用粗暴的打击方式，而是选择孩子更能接受的先扬后抑的方式。他先肯定孩子的交友"人在外作客，友朋固不可少"，然后再循循善诱"然须择人而友……吾儿所交者未必尽为匪人……言语亦宜谨慎"。古人非常重视环境对个人成长的影响，良师益友可以催人进步，但结交小人也会将自己甚至全家拖入深渊。

我们当代强调"鼓励教育"，孩子尤为需要大人特别是家长的肯定。作为他们最依赖的人，他们的启蒙老师，父母的鼓励可以给孩子带来无法估量的力量，而一味地打击只会让他们在挫败与自我否定中越发消沉。

随读随记，游学并重

除了在生活交友上无微不至地关心，在读书求知方面，林则徐更是给予孩子们密切的关注。他提倡读书要精读，还要养成做读书笔记的好习惯。他的孩子经常会将自己的作文寄给林则徐点评，在读到三子林拱枢的文章时，林则徐觉得文笔过于枯涩，于是建议林拱枢还要增加阅读量,"惟每看一种,须自首至末详细阅完……并须预备看书日记册,遇有心得,随手摘录,苟有费解或疑问,亦须摘出"。

学习和读书最强调有始有终,我们做任何事也如此,无论什么原因,半途而废的结局和从未开始是一样的,都不会有任何收获。而绝大多数人生来才智都是相近的,许多技能都是先从模仿开始的,如手工技艺、临摹书法、学做文章……效仿和借鉴并不是鼓励我们抄袭,而是在研习前人成果的基础上融入自己的理解,最后学以致用。在学习中遇到难题,也应及时记录下来,询问老师,这就像我们当代学习用到的"错题集",记录我们错误和疑问也不是单纯地重复,而是在复习改正中总结规律经验,达到举一反三的效果。

除此之外,林则徐还强调游学要并重,反对纸上谈兵。长子林汝舟在京城供职三年,向皇帝告假回乡,远在广东的林则徐觉得长子可以代管家中事务,此时正是次子林聪彝出门游学、看望自己的最佳时机。于是他给林聪彝写信说明自己的想法:"吾儿年虽将立,而居家日久,未识世途,读书贵在用世,徒读死书,而全无阅历,亦岂所宜?……古人游学并重,诚为此也……此间名师又多,吾儿来后更可问业请益,以广智识。"林则徐先是为林聪彝说明了游学对于求知精进的必要性,然后说到家中有兄长照应,这边又安排了名师,为他排除后顾之忧的同时也做好了学习规划。在最后,林则徐才悠悠地说,"况为父已年近六旬,一人在外,倍觉凄冷,儿辈忍心……"能在家信中和孩子坦率地撒娇表达思念,不仅反映了林则徐平日和孩子们亲切和睦的关系,也使整个人更加鲜活可爱,一位独居异乡、想念子女的老父亲形象跃然纸上。

职场不易，急流勇退

林则徐与同时代大多数读书人一样，都选择了应试做官的出路，但他对于官场的趋炎附势之风一直敬而远之，对加官晋爵也没有执念，加上常年远离故乡，林则徐曾多次萌生退隐之心。在与夫人的信件中，他曾坦言："余在粤署公事忙甚，则觉居官不易，颇思急流勇退，以享清闲岁月。"被道光帝钦点为钦差大臣查办鸦片，这在其他官员眼中，或许是一份无上的荣誉，但数月与英商的较量让林则徐心力交瘁，其他同僚乃至统治阶层腐败无能的态度，以及身在异乡、形单影只的孤独感，都让林则徐深感无力。于是道

清宣宗道光皇帝旻宁朝服像

光二十九年（1849），林则徐辞官归乡，然而第二年，他就又被任命为钦差大臣，却病逝在了前往广西镇压农民起义的路上。

荣誉固然是对一个人能力的认可，在校园中，我们也会为了鼓励学生，给予他们各种表彰和奖励。但所谓能力越大，责任越大。当我们的职权越来越大，就会发现很多时候我们是被权力推着走，而自身已经骑虎难下。林则徐在面对权力时，能够时刻保持理智，并做到急流勇退，这在当时封建体制下极为罕见，在我们当今社会同样难能可贵。

读人
半为国计，半为家计

与妻：香兰迷人眼，青灯留后名

翻看林则徐的家书，我们不难发现，除了和三个孩子的日常沟通和生活训导，林则徐笔墨最多的就是与妻子的对话。在信中他不仅与妻子交流大小家事，也会将自己工作中的忧愁如实讲给妻子听。从书信内容中我们也能看出，林夫人非但不是目不识丁的传统民妇，反而是颇通文理政治的"贤内助"。

林夫人名郑淑卿，大家闺秀，比林则徐年长4岁，夫妻二人伉俪情深。林则徐在广东禁烟时，长子在京为官，林夫人一人承担着照顾长媳、抚养二子三子及管理整个家庭的重任。在林则徐远调云南时,她又辗转相随,毫无怨言。林则徐常年流离他乡,难免有流露自己心思的时候,这时贤明的夫人就成了他的"警钟"。

林则徐任云贵总督时,一年中秋之夜,全家人在园中饮酒赏月,欢度佳节。席间林则徐突然有感而发:"这里的风光景物好是好,如果再有十盏宫灯,种一些兰花,就更完美了!"不料没过几天,园中果然宫灯高悬,兰香四溢。林夫人见此情景却不安起来,她担忧地和林则徐说:"这些花和灯,好看是好看,然而花是辗转弄到了,灯也花费了不少钱,我们这些身居高位的人,对身边时刻察言观色的人不易觉察到,偶然的偏好反而容易被他们利用,我们应时刻恭谨做事,谨慎说话。"林则徐认为夫人的话很有道理,就立刻叫人将宫灯、兰花都撤掉了。

林则徐当官时,官场贪腐之事已是家常便饭,他却更加引以为戒,时时警醒自己,保持着两袖清风。林则徐清廉淡泊的作风,和他早年的生活经历有密切关系。林则徐以上四代全是读书人,但都没能入仕。他的祖父是个廪生,长期漂泊在外教书谋生。由于"家丁繁盛",家境日益拮据,还欠下了高利贷。到父亲林宾日手里,已是家道中落,"家无一尺之地,半亩之田",林父也因科举失败,只得在家乡私塾教书还债,但经常入不敷出,三餐难继。林母以女红贴补家用,林则徐每天去书塾前都懂事地将母亲的手工艺品拿到店铺去寄卖,放学后再去收账。

穷人的孩子早当家,这些经历让他很早就理解和同情底层人民的生活状态。即使为官之后,林则徐的收入有了极大飞跃,他依然时刻提醒家人吃穿用度足够即可,绝不能铺张。在往家里汇寄银两的信件中,他叮嘱夫人"余虽任高位,以耿介自矢,从不敢于额外妄取一文钱。以上不负君恩,下不负祖训。得钱不易,家中可省则省"。

林则徐五世孙女林子东先生讲述过这样一则故事，说有一年除夕，邻居听见隔壁林家欢天喜地地吃年夜饭，好奇地从矮墙上望过来，却看到林家大小十多人，围在一起津津有味地享受着一大盘素炒豆腐！林家的夜间照明，只依赖一盏油灯，平时一向只放一根灯芯，只有大年夜，才多加一根。后来，那盏油灯和一盘素炒豆腐，既成了林家年夜饭的必备，也变成了后人世代珍惜的无价之宝。林家后代每年都会用一盘素炒豆腐和一盏两根灯芯的油灯来纪念祖上，传承林则徐虽清贫而不移其志的精神和家风。

与后辈：句句不提"爱"，句句不离"爱"

林则徐虽然对自己对夫人要求严格，但对后辈却关爱有加。在封建制度的影响下，古代的家长特别是父亲之于整个家庭，有绝对的权威性。在子女面前，林则徐扮演着一个不苟言笑的严父形象，但这不代表他不心疼自己的孩子。

在与长子的一封信中，他听说次子在考试中失利了，因此郁郁寡欢，身体和精神状态都受到极大影响，林则徐训诫的同时又流露出深切的关心，他嘱咐长子要多多劝导弟弟："汝弟秋闱，虽蒙荐卷，未能入彀，此正才力不足，未可怨天尤人。闻甚郁抑，吾儿寄家书时，可以善言婉劝之，父有不便言焉。"

一句"父有不便言焉"真是体现了林则徐家教之道的高明之处！一方面，受当时整个社会风气的影响，父亲对于子女，尤其是儿子的教育，多是训诫教导，鲜有直接的表扬；另一方面，在孩子面前，父亲的形象毕竟大多是严厉而高高在上的。相对于严父，孩子可能更愿意和同龄的兄长说心里话，也更能听进去兄长的劝导。林则徐深知这一点，所以特别关照长子代他去尽劝导的义务。

作为一位优秀的父亲，林则徐为全天下的家长做出了表率。我们平时总以工作繁忙为缺少与孩子的沟通找借口，林则徐从一方长官，到钦差大臣，到封疆大吏，每天公务缠身，且常年离家在外，但他依然能时时掌握孩子们的成长动态，除了平日的细心，更在于他的主动沟通。当今社会存在的许多家庭问题、职场问题、亲子问题，与其说是互相的不理解，不如说是沟通的缺失，我们不先做出积极主动的沟通，又怎么要求别人理解我们呢？这本来就是个本末倒置的问题。在林则徐的大多数家信中，开篇都是关于家事和亲人间的回复和问候，因此他总能第一时间掌握所有家人的近况。如果有段时间没有收到某位亲人的消息，他就会及时追问："三儿近况究属如何，前函已曾问及，何两信中仍未提及？""前据仲常表兄来信，知夫人近患脚瘇，何来信绝未提及？"

林则徐对后辈的疼爱还表现在他能对儿媳等所谓"外姓人"也做到一视同仁。林则徐和长子都常年在外做官，林夫人和长媳则共同在一个屋檐下生活，幸而长媳非常孝顺贤惠，林则徐大为称赞，同时不忘叮嘱夫人："亦须善视之，吾林姓从无不慈之姑及不孝之媳者……须知年轻人作事，总有一二不小心处，善为训诫可也。遽行斥责，殊令人难堪。"林则徐能理解年轻人的性格特征，并提倡宽容和温和的教育方式，维护年轻人的自尊心，这在"封建大家长"的观念下显得尤为可贵，毕竟连几十年后思想更加新潮的梁启超都曾坦言，即使我对女婿儿媳也疼爱有加，但我内心清楚，这和对待自己的儿女是不一样的。

每个人的成长都是时间和阅历的积累，丰富的生活经验可以用来理解和引导后辈，而不是我们随意轻视批评后辈的资本。只有抱着同理心换位思考，才能得到他们同样的理解和尊重，林则徐的教子观点可以说是我们当代教育理念的前身。

与君王：雷霆雨露，皆是君恩

说到林则徐，是绝对绕不开"虎门销烟"的。我们都说林则徐改变了中国的历史进程，而"虎门销烟"又何尝不是改变了林则徐的一生。

早在1806年，在厦门供职的林则徐就开始接触到鸦片相关的事务，也目睹了鸦片的毒害。对于鸦片，林则徐从始至终都是坚定的禁烟派。在江南任职期间，他查封烟馆、缉拿烟贩、劝诫烟民，为禁烟积极奔走。而看到禁烟运动停滞不前时，他又毫无畏惧地泣血上书，在谏书中疾呼："数十年后，中原几无可以御敌之兵，且无可以充饷之银。"这句话直接戳中道光帝的痛处，将鸦片危害从财政危机上升到生死存亡的民族危机，道光帝终于下决心采取雷霆手段，任命林则徐为钦差大臣，往广东全力禁烟。

禁烟运动并不是一帆风顺的，弛禁派的阻挠、英国政府的虚与委蛇、本国汉奸的暗度陈仓……都令林则徐寸步难行，经过3个月的拉扯和较量，共收缴鸦片237万斤，在皇帝的准许下，林则徐决定在虎门就地销毁。1839年6月3日至25日，全世界的焦点都聚集在广东虎门，透过漫天的烟雾，是民众喜极而泣的欢呼、各国记者震惊的目光，当然还有英国人滔天的恨意，他们觉得，是时候以

鸦片于嘉庆年间开始流入中国,图为清朝人民吸食鸦片的情景

蛮力让中国人屈服了。

在与清政府交涉的同时,英国人已经在暗暗打探中国的战力并进行挑衅试探,对于开战他们成竹在胸,只需要一个借口,而林则徐给了他们绝佳的借口。从舰队封锁江南海湾到直逼天津大沽口,英军一路攻城略地,只用了短短两个月时间,道光帝来不及震惊,英吉利的长剑就抵上了自己脖颈。为了快速议和,道光帝轻易就同意了开放通商和惩办林则徐的要求,林则徐就这样被当成了战争的替罪羊。

早在赴任广东之前,林则徐的家人和好友都对他此行表示过担忧,龚自珍为避免弛禁派在路上加害林则徐,甚至提出陪同前往,但为了不把好友拉下水,林则徐婉拒了。官场多年,他太了解皇帝的秉性了,又怎么不知道前路的凶险,但他始终相信自己一片赤诚,只要谨慎行事不出错,皇帝是支持他的,所以在给夫人的回信中，他这样说道："余服官已久，亦稍有阅历，决不至鲁莽灭裂，贻身家以忧。而圣天子明烛万里，八聪四达，苟非自行获咎，亦不致殃及其身。此堪请夫人放怀者也。"而被革职的林则徐并不知道，当他还在上书请求留在前线参战、戴罪立功时，为了进一步满足英国的贪欲，怯懦的道光帝再次选择牺牲林则徐，把他发配到新疆伊犁。

查禁毒品、奋勇抗敌，换来的不是嘉奖，却是一纸贬谪，这种不公如果放到我们身上，或许无论如何也无法接受吧！而面对亲朋好友的不平，林则徐却十分平静，反而安慰起别人："盖圣主知余戆直成性，现在嫉之者众，难保不被人中伤，远戍伊犁，可避人指摘。如此用心，虽父母之慈爱子女，亦无如是之体贴入微也。"在伊犁勘办开垦事宜时更是感叹，"圣心早计及之，今果然以开垦事责我图功。较之赴浙立功赎罪，其安危相去诚不可以道里计焉！"虽然我们都明白这不过是皇帝用来推卸责任、林则徐用来宽慰亲友的说辞，但他这种豁达从容的心态，九死不悔的精神却深深感动和震撼着国人乃至全世界。英国驻华公使包令这样评价他："他是中国一位理想的爱国人士。他是圣人，而且是万圣之圣。他把自己的智慧同传统的智慧结合了起来。"

· 名句赏析·

盖以身许国,
但求福国利民,
与民除害。
自身生死且尚付诸度外,
毁誉更不计及也。

既然全身心都投效国家,只求为国家造福,为人民谋利,除尽遗害。自己的生死尚且置之度外,更不计较名声的毁誉了。

赏析:

鸦片战争惨败后,统治者为了向侵略者示好,以林则徐为替罪羊,给他扣上"引发战争的民族罪人"的帽子,在发配新疆的路上,林则徐一路坎坷,更是落下了病根。而在西安与妻子挥别时,他却依然留下了"苟利国家生死以,岂因福祸避趋之"的千古名句,此句和家信中这句话传达的思想是一致的。

作为常年混迹于官场的老人,林则徐怎么会不知道皇帝和同僚的作风,怎么会不知道政治的规则。但他一直坚定自己为国为民的心,正是这种坚定,让他将生死和名声看淡,对于自己的所有遭遇也可以泰然处之,所谓"不以物喜,不以己悲",说的正是这种境界。

· 名句赏析 ·

> 地位益高,生命益危。古人一命而偻,再命而伛,三命而俯,诚非故作诊持,实出于不自觉耳。

地位越高,生命也更容易受到威胁。古人第一次接到任命都会躬身而揖,再授命就深深下拜,三次任命就俯首跪拜了。这不是故作姿态,实在是惶恐之际不自觉的表现。

赏析:

  这段话写在林则徐作为钦差大臣赶赴广东禁烟的路上。对于皇帝任命他为钦差,有两种声音,了解并支持林则徐的自然欢呼祝贺,而弛禁派当然对他恨之入骨、处处阻挠。别人都因他身居高位而歆羡,但只有林则徐自己明白木秀于林风必摧之的道理,越突出,其实反而越容易成为众矢之的,更何况触及别人的利益,动了别人的蛋糕,难免遭人刁难。除此之外,身居要职,一举一动都在众目睽睽之下,一方面关系到民生的大事,另一方面也关系到上面的颜面和自己的声誉,不能不小心谨慎。

  林则徐的这段话对于我们走入社会、走入职场也有着非常重要的学习价值。不要为了虚名盲目承担与自己能力不符的职位,而一旦在其位,就要认真严谨地做到最好,这是一种基本的素养和敬业精神。

师夷长技以制夷

在帝国的落日中开眼看世界

1793年的9月，全中国都沉浸在为乾隆帝欢庆寿辰的热闹之中，在祝寿的队列中，有一位蓝眼睛高鼻梁的英国使臣，同样是代表本国为乾隆帝的寿诞祝贺，但狡黠精明的眼神依然让他在众人中显得格格不入。在得知英船抵京之后，清王朝为了彰显自己的热情好客，把大批的猪羊鸡鸭往船上送，一些动物在运输途中死掉了，英国人就把它们扔下船，谁知沿途围观的中国百姓立即上前疯抢一空，拿回去腌制食用，这令一向视中国为神圣

·延伸阅读·

- 1789年7月14日
  法国巴黎人民攻克作为封建统治象征的巴士底狱，法国大革命爆发。

- 1789年
  詹姆斯·瓦特发明了能用作发动机的"万能蒸汽机"。

- 1793年1月21日
  法国波旁王朝国王路易十六被送上断头台。

- 1804年5月18日
  拿破仑号称"拿破仑一世"，建立法兰西第一帝国。

- 1825年
  英国爆发了第一次资本主义经济危机。

- 1848年2月
  马克思执笔的《共产党宣言》问世。

天堂的英国人瞠目结舌。一路上他们没有看到想象中的水清山碧、富裕安宁，而是破败的民居、行尸走肉一般的民众、叫花子一样的军队，和刁蛮横行的官吏……一幕幕的景象让英国人的心中有了大胆又恶毒的想法。

此次会面的过程并不愉快，觐见乾隆帝的"三跪九叩"礼，就让英国使臣备感屈辱，当他向中国皇帝提出增开通商口岸、变更通商政策等要求时，更被一一驳回。在乾隆帝眼中，我大清帝国地大物博，与你们通商不过是可怜你们这些蛮夷没有我们的施舍根本活不下去，哪里还有资格和我谈条件？乾隆帝的傲慢和闭塞令英国使臣气愤异常。此次访华他们虽然没有达成自己的目的，但看到这个庞大王朝腐朽的黄昏，是他们意外的收获。

那英国使团本来的目的又是什么呢？这就要从第一次工业革命的爆发说起，从18世纪60年代到19世纪30年代，率先完成工业革命的英国以摧枯拉朽之势一跃成为全世界生产力最先进的国家。资本的迅速扩张使英国急需一个广阔的销路，中国拥有庞大的人口资源，正是他们梦寐以求的潜在市场。英国资产阶级先把纺织品输往印度，然后把印度的鸦片输往中国，再从中国把茶叶、生丝等输往英国，在这种三角贸易中谋取巨大暴利。19世纪30年代以前，中国在对外贸易中始终处于出超地位，由于与中国的所有贸易需以银两折算，英国需要先从欧洲大陆购入白银才能进行交易，金银一买一卖，英国人的利润大打折扣。而当鸦片的输入急剧增加，中英两国的贸易地位开始发生180度的反转。英国由原来的入超变为出超，中国的白银却源源不断流向国外，白银的流失开始扰乱清王朝的国库和货币的流通，使清朝的经济处在崩溃的边缘。更为严重的是，鸦片的泛滥极大地摧残了吸食者的身心健康，道光帝在即位前，甚至也吸食过鸦片，只是后来及时悬崖勒马了。

当时很多人甚至包括现在的一些观点，都认为林则徐的"虎门销烟"是直接激怒英国人，引发鸦片战争的导火线，而事实并非如此。林则徐在广东禁烟期间，虽然对拒不配合和顽固走私鸦片的毒贩商人严厉打击，但从未禁止过沿海的商贸交易，且对那些遵纪守法的商人大力支持。而在道光帝下令全面断绝海上对外贸易时，林则徐反倒是那个极力反对的人。之所以有这样高瞻远瞩的眼界，和林则徐从小就奠定的"经世致用"的思想密切相关。

林则徐早年的启蒙教育是在父亲悉心的教导下完成的，14岁考中秀才后，林则徐来到了福建最高学府鳌峰书院学习。在此期间，他接触到陈寿祺济世匡时的思想，并深深为其感染，"经国救世"之志也是从那个时候树立的。

常年在沿海地区从政的经历让林则徐有大量的机会接触外国人，他用开明的态度吸收和接纳了许多西方先进的科技和思想。在广东禁烟期间，林则徐更是意识到自己对西方知识的贫乏、国人对王朝之外世界的无知，于是开始有意搜集和翻译西方国家的书报，以求获得有价值的情报，并积极了解资本主义世界的政治、军事、法律、经济、文化等情况，林则徐此举不仅开近代中国学习西方先进科技和文化知识的先河，也影响了中国近现代社会的变革。

美国牧师布朗曾送给林则徐一本《世界地理大全》，林则徐差人将它翻译成中文，命名为《四洲志》，这是近代中国第一部系统介绍西方各国地理的著作。1841年7月，一个炎炎夏日，林则徐走在发配伊犁的路上，途经京口，他看到一个熟悉的身影，不正是阔别6年的好友魏源！老友相遇不禁喜出望外，在那个夏夜他们秉烛长谈、抚今追昔，百感交集。次日离别之际，林则徐从随身的行李中拿出一个包裹递给魏源，郑重嘱咐说："这些是我在广东时派人从海外书报中辑译的《四洲志》等资料，现交付与你，拜托将它们编辑成书，以期启迪国民思想，悟得御敌之道！"魏源深受所托，笔耕不辍一年，终于在1842年完成了50卷的编纂整理，取名《海国图志》，并在之后几年继续增补。

在《海国图志》中，魏源不仅重视工商业，并由经济扩展到政治，由原来对西方"坚船利炮"等奇技的惊叹，发展到对西方近代资本主义民主政体的介绍。魏源在序言中讲到本书："为以夷攻夷而作，为以夷款夷而作，为师夷长技以制夷而作。"并在书中特别记载"时林公嘱撰《海国图志》"以纪念林则徐。作为"开眼看世界第一人"，林则徐和魏源提出了西学东渐的思想，但由于时代局限性没有付诸实践。二十年后，左宗棠、张之洞等有条件有能力的官员终于在洋务运动中践行了他们的思想，进一步引导了国人的觉醒。

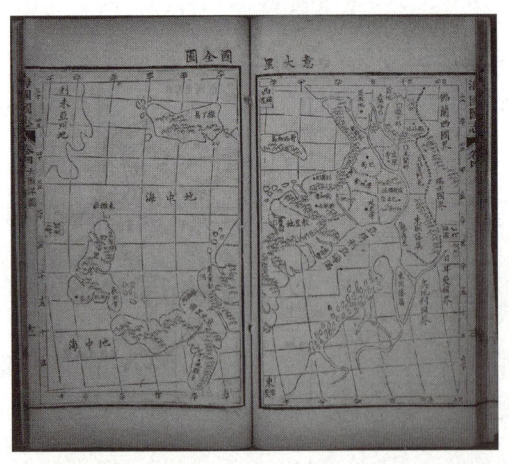

《海国图志》书影

天下之至拙,能胜天下之至巧

——曾国藩与《曾国藩家书》

人物小传

曾国藩(1811—1872),清末政治家,洋务派和湘军首领,湖南湘乡白杨坪(今属双峰)人。道光进士,后因镇压太平天国官居一品,以文人之身获封武侯。后借助团练,带出了一支强军——湘军,成为近代军阀的鼻祖。

每当我们谈到中国近现代史，有几位名人不可不提，曾国藩就是其中之一。史学上对他的褒贬一直处于两个极端：一些书中定义他为"镇压太平天国的刽子手，凶残无比的'曾剃头'"；但与之相对的，曾国藩既是晚清中兴四大名臣之一，又是湘军的创办者，洋务运动的发起人。然而每个历史人物的成长都难以摆脱其家庭出身、生存环境、个人际遇、时代背景等诸多局限。置身于传统封建思想背景下的曾国藩，不论怎么努力、怎么功高，都注定无法超越时代。后人对曾国藩功过的评价，其深度和广度一直处于螺旋上升的状态，这对于曾国藩而言，或许也算一种公正吧！

　　不计功过续国祚，一册家书著圣言！翻开真实的历史，你会发现曾国藩在成为"曾国藩"的过程中并非他人口中的"圣人"：他不是一个标准的官二代，平民出身无政治背景；

他不似孙膑、诸葛亮"智多近妖",光秀才就考了7次;他也非不世出的名将,因屡次战败自杀3回;画图遭到京城官员的讥讽,回乡练兵又广受排挤……但就是这样一个出身、智商、能力都如你如我的平凡人,却取得了再造社稷的大功,晚清国祚靠他扶植,曾氏一脉在他的延续下瓜瓞绵绵;他秉承的家风家训让家族子孙受教良多并代代相传。两百多年间,自曾国藩以下八代之中没有一个"败家子",有声望的人物超过240位,是名副其实的华夏望族。

曾国藩一生的成就和为其家族带来的巨大影响,似乎给了我们普通人能参考的"成功宝鉴"。不谈"王侯将相宁有种乎",既然都是凡人,他曾国藩能做到的,我们其他人蹦起来够一够,是否也能够得到呢?在他的传世名作《曾国藩家书》中,我们或许可以找到答案。

读书
震古烁今"三不朽"

自道光十八年（1838）进士及第，曾国藩历经30多年宦海沉浮，从创办湘军、平息起义，到组织洋务运动、对外和谈，他一生最大的功与过几乎都来自工作，生活上反倒极少。但在镇压太平天国之后，曾国藩为了洗脱功高盖主的嫌疑，低调自持，也就是在这个时候，他把自己30多年为官生涯的1500多封书信整理成册，刊行问世，即世人熟知的《曾国藩家书》。

《曾国藩家书》涵盖曾国藩为人处世、持家教子、治军用人、战略战术等诸多方面的经验和心得，自发行之初就风靡流行，历久不衰，直至今日，也备受中外读者的推崇。

做学问如做饭，讲究一个"火候"

作为写给子女亲眷的书信，《曾国藩家书》的用语大多通俗流畅、形式自由，在日常闲谈中阐述至理箴言。与此同时，他在论证观点时，善用举例、比喻等手法，使之更有说服力和感染力。如他在《致诸弟·述求学之方法》中讲学习之法：

> 朱子言，为学譬如熬肉，先须用猛火煮，然后用慢火温。予生平工夫，全未用猛火煮过。虽略有见识，乃是从

悟境得来，偶用功，亦不过优游玩索已耳……

著名理学家朱熹认为做学问如同炖肉，要猛火煮、慢火温。曾国藩深以为意，但他坦言自己都没经历过，他的学问都是悟出来的，偶尔用用功，只是休闲自得玩味求索罢了。猛火煮、慢火温表面上看是一种烹饪手法，用在这里，是想强调读书应先在短期内集中精力学习，从整体把握书籍精髓，不求甚解，如猛火煮沸水一般；然后再慢慢品读字词句章，反复琢磨、探求精义，在平时生活中学以致用，慢慢体会，融会贯通，如小火慢炖。

这封是《曾国藩全集》中收录的第一封写给弟弟的信，无独有偶，梁启超在他编选的《曾文正公嘉言钞》中也将这段列为"家书篇"第一则。作为改良运动引领者的梁启超这样评价曾国藩："……文正固非有超群绝伦之天才，在并时诸贤杰中，称最钝拙；其所遭值事会，亦终生在指逆之中；然乃立德、立功、立言三不朽，所成就震古烁今而莫与京者……"他称曾国藩为圣人，对曾国藩关于治学的论调，更是心有戚戚焉！

由俭入奢易，由奢入俭难

除了读书治学，持家之道也是曾国藩尤为看重的。

"门第太甚，余教儿女辈，惟以'勤、俭、谦'三字为主。居家之道，惟崇俭可以长久，处乱世尤以戒奢侈为要义。"

这句话出自曾国藩写给长子曾纪泽的一封家书，他信中说：我家的门第太显赫了，我教儿女，只强调"勤、俭、谦"三字，勤俭不奢,家道才能长久兴旺,反之必败,乱世之中则更凸显杜绝奢侈的重要性。

节俭,说起来容易做起来难。

作为中华传统美德,"节俭"在许多家规家训中都有提及,但真正能付诸实践并世代贯彻的寥寥无几,因此才有"富不过三代"的说法。曾国藩的祖父是乡下地主出身,到了曾国藩兄弟这一代,才一跃而成名门显族,家族子弟亦是非富即贵。

其实对于每一位拼搏奋斗的家长来说,想给自己的孩子更好的生活是人之常情,无可厚非,但什么是适度的消费,什么是过分的奢侈,需要一种群体的认同。而且,同样的消费,是用在吃喝玩乐上还是用在学习成长上,其结果会截然相反。曾国藩口中的节俭实际上是说不要在生活琐事和玩乐上放纵自己,但在读书、学习、长见识上则一定不能小气,这样才能为后代提供更好的成长环境。

我们为人子女或教育子女则不应盲目攀比,追求奢侈时尚,因为学识和品德才是一个人赢得尊重的宝贵资产,是真正的荣誉与勋章。毕竟相貌、身高乃至性格可能遗传,但知识、阅历、经验这些只能靠后天积累,也是决定一个人未来的核心,是延续上一辈创造的物质、精神财富的最好方式。

傲慢与懒惰——阻挡我们前行之路的两条恶犬

作为驰骋官场三十余载的老手,曾国藩的为政处世经验更是对后人有着重要的借鉴价值。

曾国藩手书《家训百字铭》（局部）

"谁人可慢？何事可弛？弛事者无成，慢人者反尔。"

这句话有两个重点——不怠慢他人，不拖延事务。前者谈做人，后者讲做事。

有地位有才华的人容易傲慢。王阳明曾说："今人病痛，大段只是傲。千罪百恶，皆从傲上来。"而人要有一番成绩，就要在戒除"骄惰"上下功夫，力行"勤"与"诚"。

而我们大多数普通人则更容易犯"懒惰"的毛病，它在当代有个专业名词，叫"拖延症"。当我们求学、做事时，有些人能够以毅力战胜惰性，有些人却总找一些理由来自我安慰，让自己成为懒惰的奴隶，从而耽误学习和工作。明日复明日，明日何其多，须知"弛事者无成"，无论大事小事，都要认真对待！

有朋友说读《曾国藩家书》读了这么多年，满篇看到的只有四个字：勤、恒、谦、诚。不错！这四个字不仅是曾氏一族成为中国近代以来最成功的家族之一的秘诀,也是我们现今家风建设、家庭教育最应引以为鉴的。

太阳底下无新事,你的未来早就在一些高手身上预演过了。当今社会压力倍增,每当我们熬不下去时,不妨看看曾国藩与自己的斗智斗勇,学习他如何处理人生中这些纠结,如何消解生活的失意,又是如何面对人性的复杂……

读人
从曾国藩到"曾国藩"

奋三代之力,成百年豪族

时间拉回到嘉庆十六年(1811)冬,在湖南一个名叫白杨坪的偏僻小山村诞生了一个小男孩,即是后来的曾国藩。他的出生并不似传说那般神奇,既没有天降白蟒,也没有紫气东来,村前的千年小河流水依旧,村后的树林风吹叶摇,院坝的母鸡咕咕产蛋,几户人家炊烟袅袅……

这里消息闭塞,文化落后。整个家族似乎都缺少一种叫"读书"的基因。翻开曾家族谱,先祖中虽也有过粗识文字之人,但从宋朝起的整整851年间竟无一人考取功名。曾国藩的祖父曾玉屏平素待人热情,喜欢调解纠纷,是全乡的头面人物。但他深知自己本质上依然是个土财主,以没有功名为憾,于是决心让自己的子孙上学读书、博取功名，希图进入士绅的行列。他教督长子曾麟书"穷年磨砺，期于有成"，但曾麟书直到43岁才得中秀才，于是曾家又将光耀门楣的希望寄托在下一代曾国藩兄弟身上。

我们可以想象一下，一个农民家庭，800多年没有出过真正的读书人，想要翻身成为士绅家族，要具备哪些条件呢？

当代历史学者张宏杰认为，至少要历经三代努力：第一代坚定信念、全心务农，为第二代创造良好的物质条件、经济条件与教育条件；第二代开始投入时间读书，除了物质脱贫，还要重视精神脱贫，逐步建立家族的启蒙教育体系，并找寻接近士绅阶层的机会；到了第三代，家中已经具备完善的教育理念和良好的教育环境，并有机会接触到更先进的教育资源。运气好的，第三代就可以打破阶级壁垒、出人头地。运气不好的，就只得继续代代苦读……前人栽树，后人乘凉，曾国藩恰巧是这个家族中幸运的第三代，在前两代人的共同努力下，他依靠科举成功走上仕途。

一个家族的家风不是单纯写在纸上、挂在宗祠、刻在碑上的，它要靠家族的每一位成员去践行。家族的族长更要起到监督和贯彻的作用，这一点曾玉屏做得相当好。为什么这么说呢？

曾国藩的父亲曾麟书大半辈子都在和科举"死磕"，试想我们今天，如果有人高考复读了四五次还没考上大学，会是多大的精神打击？更别说曾麟书足足落榜了16次，普通的父母纵有再好的耐心也会说咱算了吧！但曾玉屏偏不认命，他不但鼓励儿子继续学、继续考，孙子辈儿也得跟上！就这样，在湘乡的小路上，经常能见到一对进城赶考的父子，大的双鬓染霜，小的斗志昂扬，年复一年、寒来暑往，而面对同乡的调侃，他们总是一笑置之！

曾国藩一直非常崇拜祖父曾玉屏，认为祖父的威重智略远在自己之上，只因没有机会，才使他终老山林，未能一展抱负。可以说曾玉屏这个暴躁又固执的老头儿，是曾家飞黄腾达的奠基人。他一生不信仙，不信道，不信运气，只信人定胜天。以愚公坚持不懈的精神，教会了子孙什么是倔强、什么是不服输！

　　曾玉屏经常教导自己的子孙，"君子在下则排一方之难，在上则息万物之嚣"，"以懦弱无刚四字为大耻，故男儿自立，必须有倔强之气"，曾国藩不仅将祖父的话铭记于心，还特意写在家书中警示子女。曾玉屏经营家产的殚精竭虑、身体力行，对曾麟书的严格管教，以及父祖两代对功成名就的渴望，都深深地印在曾国藩年轻的心上，不仅成为他发愤攻读、考取功名的动力，更成为他政治生涯中坚韧精神和顽强意志的思想渊源，曾国藩常说的所谓"挺经"，就传自曾玉屏。挺，就是挺住、挺下去，挺得过要挺，挺不过也要挺。不管前路如何艰难，多少曲折，都要挺过去！

格物致知，"一鸣惊人"的反面教材

　　曾国藩在很多方面都可以称得上楷模，但并不同于那些年少成名的人物，青少年时期的曾国藩可谓资质平平。晚清中兴四大名臣中，张之洞16岁中秀才，李鸿章17岁中秀才，左宗棠14岁就考了全县第一！再看曾国藩呢，23岁得中秀才，这还是他考了7次的结果！这履历和另外三位比，实在有点不忍直视了。

　　而曾国藩的糗事远不止这一个。在第6次冲击秀才的考试后，曾国藩高高兴兴地去看放榜，结果中榜名单上没有他，他的名字却在另外一张告示牌上出现了。原来是学台（相当于今天的省教育厅厅长）读了曾国藩的文章，说这写的什么玩意儿，文理不通，于是将文章作为反面教材张贴出来，让生员引以为戒。此榜一出他在全省算是出了名，人人都知道有个叫曾国藩的考生文章水平特别差。

试想我们当代的学生，有时被全班点名批评都觉得丢脸，全省通报那还不得找个地缝钻进去？如果曾国藩当时真这样自暴自弃，史书上可能就没有他的名字了，好在曾国藩用他第7次的成功告诉我们，他"挺"过来了！

连续6次的失利让曾国藩认清一个事实，尽管自己有着极强的进取心，但上天没有给自己一个与雄心相匹配的聪明大脑。"余性鲁钝，他人目下二三行，余或疾读不能终一行。他人顷刻立办者，余或沉吟数时不能了。"别人读书能两三行一起看，而我加快速度也读不了一行。遇到事情别人脑子一转，马上就办；而我遇上事情，思考很久，却依然想不出个好法子。能接纳自己鲁钝的事实，并且能认识到自身学习中的问题，这是他身上的优点和亮点。于是曾国藩把自己关在老家刻苦读书，他不断反思、纠错、钻研，寻找适合自己的学习方法。皇天不负有心人，经过一年多的厚积薄发，突然有一天他好像就开了窍，一口气通过了殿试，进入京城翰林院，开启了自己官场的风云之路。

修身齐家写日记

此后的他就一帆风顺了吗？并没有。俗话说人逢喜事精神爽，进入翰林院的曾国藩自觉已经完成了光宗耀祖任务，开始变得活泼好动起来,并渐渐生出一种狂妄的心理。这个从湖南乡村走出来的小青年,对京城里的一切充满了好奇,加之翰林院这个部门其实是供官员们读书养望的地方,清闲得很,无所事事的曾国藩在四处交友的过程中不知不觉养成了痴迷围棋、爱串门、爱吹牛、爱看热闹的毛病。但没有得意多久,曾国藩就又一次陷入深深的自卑当中。

当时的翰林院集中了全国精英中的精英,他们个个见多识广、学识渊博,谈吐自如、格局开阔。与之相比,曾国藩前20年就是死读书读死书,为了科举拼命作八股,不管是家庭背景还是自身学识,与京城朋友都不能同日而语,对比之下难免自惭形秽。大受打击的曾国藩于是给自己改了个号,叫"涤生",意思是改过自新。

就这样发愤了近十年,曾国藩发现自己身上的粗鄙之气不但未能涤除,反而越来越多!他给自己总结了四点恶习:其一,生性好动,作息混乱;其二,为人傲慢,修养不好;其三,虚伪讨好,不懂装懂;其四,沉迷美色,不能自制。

如何才能改掉这些鄙俗之气呢?曾国藩陷入新的焦虑中。在某个难眠之夜,他不禁想起了离家进京时祖父的嘱咐:"尔的官是做不尽的,尔的才是好的……尔若不傲,更好全了。"这句话令迷茫的曾国藩瞬间清醒,于是他再次修正了自己的志向,将"不为圣贤,便为禽兽,莫问收获,但问耕耘"四句铭于座右,时刻警醒自己,要么浑浑噩噩虚度光阴,要么做圣人,二选一!他在写给弟弟的信中说:"君子之立志也,有民胞物与之量,有内圣外王之业,而后不忝于父母之所生,不愧为天地之完人。"

"内圣外王"就是曾国藩为自己立定的终极目标,希望自己内有圣人之德,外施王者之政。他认为这一目标实现了,其他目标就自然而然能达到。这个志向确实非常高远，却也很难达到，那么曾国藩是怎么做的呢？他的方法很简单，就是"写日记"。

从31岁起，曾国藩开始坚持以圣人的标准要求自己，他用日记的方式记录自己一整天的言谈举止，包括各种糗事、不足，事无巨细，然后再反省哪件事做得不对，哪句话说得不妥。于是我们在《曾国藩全集》中经常能读到他对自己毫不留情的批评：早晨贪睡不能起床，他就骂自己"一无所为，可耻"；给地方官员写信，初稿口气亲热了点，就骂自己唯利是图，"鄙极丑极"，立即重写一封，"作疏阔语"；有一天起床抽水烟口干舌燥，觉得这对身体不好，就当着家人的面把祖传的烟袋捶碎，发誓从此永不抽烟……

曾国藩后来离开北京，在外带兵，他把自己的日记定期抄写，送回老家，给兄弟子侄们看。一是为他们做一个榜样，二是让他们监督自己。最好的教育是言传身教，最大的成效是日积月累。事实证明，通过写日记的方式，曾国藩的气质、习惯一天天地发生着变化。他在给弟弟们的信中不无自得地说："余向来有无恒之弊，自此次写日课本子起，可保终身有恒矣。"

曾国藩凭着这样自省的功夫，戒了烟，戒了色，也不再暴躁……他的缺点一点点消失，更难能可贵的是，曾国藩的日记一写就是一辈子，除因重病的两个月，从未中断，直到去世前一天。

《曾国藩家书》中有这样一段话："士人第一要有志，第二要有识，第三要有恒。有志则断不甘为下流，有识则知学问无尽，不敢以一得自足，有恒则断无不成之事，三者缺一不可。"

志向、见识和恒心是读书人必备的三个品质，眼界可以慢慢扩展，但志向和恒心需要从小培养。曾国藩的人生在他坚持不懈的努力与追求之下几乎达到了圆满的境界，他的观点也给后人留下了宝贵的经验与启迪。

治国平天下，从处处受气到左右逢源

在这段自省的日子里，曾国藩从青年到中年，由检讨升为侍郎，十年七迁，连跃十级。官居二品，修身齐家，俨然有成，接下来就是治国平天下了。曾国藩一生历经嘉庆、道光、咸丰、同治四任皇帝。他功业的起步，是在咸丰年间。彼时在京城做官，除非进入军机处，否则想要参与军国大事，一则在本职上建功立业，二则就是上书皇帝。曾国藩先后任礼部侍郎、兵部右侍郎，礼部清闲，兵部无事，要有所表现，只有建言献策一条路可走。

1850年3月，道光帝崩，咸丰帝继位。新朝新气象，咸丰登基的第11天，便下诏求谏，要求"据实直陈"，"俾庶务不致失理，而民隐得以上闻"。曾国藩和诸位大臣觉得机会来了，苦心孤诣写了一堆奏章，结果全都石沉大海。不久，大臣们就泄气地发现，年轻的咸丰帝还是孩子心性，做事三分钟热度，有始无终。

道光年间官场盛行的生存法则是少说话、多磕头，曾国藩不敢出头也出不了头，现在咸丰帝来了，憋了十年的他觉得不能等了！5月，曾国藩再次上书，语调激烈地对皇帝个人修养的三点"流弊"进行了严厉批判，直言皇帝纳谏只是做做样子，没有诚意；对国家大事毫不体察，导致太平天国的崛起；年纪轻轻就发表自己的诗文集，有点不务正业。全篇谏章从言行批判发展到"诛心之论"，直接将"圣上"比作"昏君"。咸丰帝看完当场大怒，"掷其折于地"，差点动了杀机，幸得被群臣劝住了，还十分搞笑地写了一封回信，把曾国藩的指责一一驳回。可以说这是曾国藩和咸丰帝的首次"互动"，不打不成交，二人对对方的路数开始有所了解，此后长达十年的"相爱相杀"，也在这个基调上展开。

三年后，曾国藩开始操办水师。还不到一个月，性急的皇帝就企图靠他这一支奇兵出江东下，遏制太平天国的扩张，下诏催他"着即赶办船只炮位"，"自洞庭湖驶入大江，顺流东下，直赴安徽江面"。但此时的湘军水师并未做好应战准备，"实有不宜草率从事者"，这是曾国藩的回答。看到奏章的咸丰帝新仇旧恨涌上心头，憋了几年的火，这时终于忍不住："现在安省待援甚急，若必偏执己见，则太觉迟缓……平时漫自矜诩，以为无出己之右者，及至临事，果能尽符其言甚好，若稍涉张皇，岂不贻笑于天下？……言既出诸汝口，必须尽如所言，办与朕看！"

你曾国藩不是天天骂这个骂那个，觉得自己比谁都强吗？别说我没给你机会！一句"办与朕看"将一个23岁的年轻君主，自觉被"愚弄蒙蔽"，情急之下口不择言的可爱形象展现得淋漓尽致。

年长咸丰帝20岁的曾国藩自然不能和他一般见识，所以再次陈述，把各种困难描述得更细致，给足了皇帝台阶下，你可以说气话，骂我能力不行，但我要立足当下，实事求是，谋定而后动："与其将来毫无功绩，受大言欺君之罪，不如此时据实陈明，受畏葸不前之罪。"这下咸丰帝也只能心平气和地回信安抚，一切交由曾国藩决定。

靖港之战湘军遭到重创，自杀未遂的曾国藩被革职，咸丰帝算是小小地出了口恶气。在此之后湘军则接连收复武昌、汉阳，一路凯歌，咸丰帝又不得不对曾国藩另眼相看、屡加褒奖。

与皇帝斗智斗勇曾国藩算是有了经验，但组建湘军，怎么与地方官吏打交道却成了新的挑战。晚清的军营，腐败程度令人瞠目结舌：调兵、拨饷、察吏、选将，都靠应酬人情，完全不问情势危急，有谕旨也没用，"苟无人情，百求罔应"。

要知道曾国藩可是一个连皇帝都敢骂的老"愤青"，愤世嫉俗又风格强硬。刚开始带兵办团练时，因为看不惯湖南这些老旧官僚作风，他几乎以一己之力得罪了所有同事，处处遭受排挤，与绿营军更是矛盾重重，甚至发生火并险些被杀。整顿军备明明是好事，为什么要东拦西阻？这些复杂的人情世故，曾国藩想不通。军事上有太平天国之困，官场上又处处碰壁，在最艰难的时刻，曾国藩接到父亲离世的消息回家守制，更被皇帝免去了兵权。回想起这几年的遭遇，他心灰意懒、委屈至极。明明不遗余力，却偏偏事事掣肘；明明一腔热血，却偏偏处处碰壁。曾国藩有点"挺"不住了，整天生闷气，动不动就找碴儿骂人，连他弟弟弟媳都受到波及。在极端痛苦中，朋友向他推荐了老庄之学。道家思想似乎在人痛苦迷茫之际有着神奇的力量，他拯救了千年前的苏东坡，也唤醒了19世纪的曾国藩。居家两年的他"大悔大悟"，思维方式发生了颠覆性的转变。

于是，再出山的曾国藩，变得圆润了。他说："志在平贼，尚不如前次之坚。至于应酬周到，有信必复，公牍必于本日办毕，则远胜于前。"他给自己披上了与既得利益者同色的伪装，该收收、该吃吃、该荐荐、该送送。既得利益者看到他和自己是一路人，便不再针锋相对了，而理想主义者发现你干的还是正事儿，也和你一起干了。人生不是单行道，行事手段不只有对错之分，更讲究性价比。明白了这个道理，才是真正的成熟。与其较劲，不如借力，这就是曾国藩的处世之道。

· 名句赏析 ·

> 兄弟和，虽穷之氏小户必兴；兄弟不和，虽世家宦家必败。

兄弟和睦，即使是贫穷的小户人家也可兴旺；兄弟不和，即使官宦世家也会衰败。

赏析：

所谓"家和万事兴"，在古人眼中，"家"有几层关系：父子、夫妻、兄弟。从这段话中我们可以看出，曾国藩将兄弟间的和睦看得尤为重要。兄弟齐心、相互扶持可以使整个家族摆脱贫困走向兴旺。反之，兄弟感情不和，再庞大的家族也会因没有凝聚力而最终走向分崩离析，兄弟之于家族的关系是一荣俱荣、一损俱损，大厦将倾，谁也不能独善其身。

· 名句赏析 ·

> 若果威仪可则,淳实宏通,师之可也。若仅博雅能文,友之可也。

如果真是威仪可为表率,为人淳朴老实,博学通达,则可以拜其为师;如果只是博学高雅,擅长诗词文章,则可以与之交友。

赏析:

  这段话出自《曾国藩家书》的《致六弟·述学诗习字之法》,曾国藩为我们阐述了他关于拜师交友的看法。虽然每个人身上都有值得他人学习的优点,但曾国藩对于"师"与"友"的要求是不同的。朋友,更追求一种志同道合、脾气相投,不需要多高的思想境界和文学造诣,富有学识、举止雅正就是合格的朋友人选。而对于为人师,曾国藩更看重品行思想是否可为表率,老师承担着"传道受业"的责任,只有道德高尚、胸襟豁达的人,才能教育出真正有益于社会的人才!

建实业中国，开风气之先

十个中国人，养不活一个英国人

道光年间的大清王朝已是内外交困、行将就木。在外，鸦片战争的炮火轰碎了举国上下的自尊与自信；在内，帝国的腐朽已经烂到根上，一场大起义暗潮涌动着。

据《十八世纪的中国与世界·农业卷》介绍，当时英国一个普通农户一年的结余是11镑，约合33至44两白银。但在清朝，一个中等农户一年全部收入不过32两，而总支出为35两，辛苦一个冬夏，不仅没能存钱，还要

·延伸阅读·

·1849年
英国吞并旁遮普，最终完成了对印度的全部占领，印度完全沦为英国的殖民地。

·1853—1856年
克里米亚战争，俄国被英法联军打败，双方订立《巴黎和约》，规定黑海中立。

·1859年
英国生物学家达尔文正式出版《物种起源》，提出进化论学说。

·1861年4月15日
林肯政府正式宣布对南部同盟作战，美国内战爆发。

负债3两。18世纪工业革命前期,英国汉普郡农场的一个普通雇工,每天的早餐是牛奶、面包和前一天剩下的咸猪肉;午饭是面包、奶酪、少量的啤酒、咸猪肉、马铃薯、白菜或萝卜;晚饭是面包和奶酪。星期天,可以吃上鲜猪肉。工业革命后,英国人的生活更是蒸蒸日上,到了1808年,英国普通农民家庭的消费清单上还要加上2.3加仑脱脂牛奶,1磅奶酪,17品脱淡啤酒,黄油和糖各半磅,以及1英两茶。而号称最富裕的乾隆年间,最底层的百姓甚至连糠都吃不上!一旦遇到饥荒,顷刻破产,卖儿鬻女比比皆是。盛世的百姓生活尚且如此艰难,到了割地赔款时民众又该如何生存?

师夷长技,推行洋务

1840年鸦片战争爆发,英国的坚船利炮打痛了清王朝,之后的太平天国运动更是让清王朝统治者们惶惶不已,此刻的中国人终于意识到科学与工业是如此的重要。战争是真刀实枪,割地是真金白银,圣人之言救不了世。

在镇压太平军的将领中,第一个对洋人的枪炮轮船深有感触的是胡林翼。他是曾国藩的朋友与支持者,当曾国藩在前线打仗的时候,他负责后方的支援。胡林翼在长江口岸看到外国人的轮船逆水上驶,疾如奔马,速度与载重量都不是中国的木船可以相比的,当场就受到极大的震撼,认为未来中国的大患,不在太平天国,而在外力的侵犯。

在胡林翼的建议下,以及自己作战中的亲身经历,曾国藩也

清朝时，停靠在珠江口外的英国鸦片船和趸船

认识到唯有洋枪洋炮才能打胜仗，所以湘军开始有意识地获取外国武器，甚至雇用外籍士兵。如英国军人戈登及美国军人华德，都曾参加上海之战及后来的其他战役，这些外籍雇佣兵的作战方法和使用的枪炮，令湘军的将领们印象深刻。所以他们在一步步改组自己部队时，也都模仿洋人军操，购买洋人武器。

起初清军改组部队的办法是模仿洋人军操，直接购买洋枪洋炮，但这样形势非常被动，于是以曾国藩为代表的洋务大臣开始筹划如何实现自给自足。平定太平军后，曾国藩和他接班人李鸿章及同僚张之洞、左宗棠等人分别建立起国防工业，他们兴航运、开矿厂、办兵工厂、建钢铁厂、设电报局、开电灯厂……做实业，需要大量真金白银，没钱怎么办好洋务呢？于是他们想办法收集民股，调动民间的资源，用官督商办的形式，公家发起一个事业，由当地的绅士与商人承包经营。这其实是有难度的，一方面让商人有利可图，从而甘心参加运作，另一方面又要满足参与者的虚

晚清洋务运动时创办的江南制造总局旧影

荣心,比如许一个虚衔的官职。从曾国藩到李鸿章,再到盛宣怀,他们在没有章程、没有前例、没有市场的前提下,从无到有,办成了这个事业,将中国的近现代工商业一步一步建设起来。

这便是19世纪60到90年代晚清洋务派的自救运动。洋务运动引进了西方先进的科学技术,使中国出现了第一批近代企业,反映了近代中国走现代化发展道路的历史要求,是真正意义上中国近代化的开端。

毛泽东曾在《讲堂录》中评价曾国藩,如同宋代范仲淹高过韩琦一样,曾国藩也高过与其"并称"的左宗棠。他认为,范、曾都是"办事而兼传教之人",不仅成就事功,其思想也影响社会。在风雨飘摇的帝国末日,曾国藩能以一个封建士大夫的眼界尽力看到最远,用自己的身体力行告诉后人什么是"敢为天下先",本就是一种奇迹。人非圣贤孰能无过,曾国藩的人格魅力以及几十年人生的宝贵经验,早已超过他的"罪责",为后人铭记在心!

教育,不只是学习
——梁启超与《梁启超家书》

人物小传

梁启超(1873—1929),中国近代政治家、教育家、学者,广东新会(今属江门)人,戊戌变法(百日维新)领袖之一。拜师康有为,先后发动"公车上书"活动,领导北京和上海的"强学会",又与黄遵宪一起创办《时务报》,成为资产阶级改良派的宣传家。变法失败后逃亡日本,晚年在清华学校(今清华大学)讲学。

1898年的9月28日，初秋的细风还吹不散午后的闷热，蝉鸣的聒噪也抵不过熙攘的人群。在菜市口的行刑台上，谭嗣同一面微笑着直视惨白的刀光，一面高呼着："有心杀贼，无力回天。死得其所，快哉快哉！"

与此同时，在一艘远赴日本的军舰上，一位青年正在用宽大的帽檐极力掩藏自己沉郁悲愤的神色。他深知此去与战友必是天人永别，却不知自己与故土又能何日再见。这位青年就是戊戌变法的领袖之一梁启超。

一门三院士，九子皆才俊！历史上对于梁启超的评价褒贬皆有。但无可否认，他对中国近代化的进程起到了举足轻重的影响，他是公认的百科全书式的大家，政治、文学、经济、史学……均有建树。晚年的梁启超更是弃政从教，成为著名的教育家，蒋百里、徐志摩、蔡锷这些鼎鼎大名的人物都师从于他。在他的悉心教导下，梁家更是谱写了"一门三院士，九子皆才俊"的佳话：三院士分别是我国著名的建筑学家梁思成、考古学家梁思永、导弹控制专家梁思礼。其他子女诸如著名的图书馆学家梁思庄、经济学家梁思达、社会活动家梁思懿，也都是各自领域的佼佼者。

作为在政界和教育界都地位崇高的人物，梁启超一生奔走、行程忙碌，他的子女也大多在国外留学，因此书信就成了他们之间联结感情、沟通交流的重要桥梁。梁启超一生笔耕不辍、著作等身，这些著作中书信占据很重要的部分，有655封之多。书信的内容从日常琐事到生活烦恼，从时政探讨到人生建议，都闪耀着梁启超思想的光辉，蕴含着深刻的教子理论。

生于清末卒于民国的梁启超同时受到来自东西方的文化的冲撞，使得他的教育思想非常开放先进，和我们当今的教育观念也更加贴近。梁启超在教子方面究竟有什么样的独门妙计，才能缔造梁氏一门人皆才俊的传奇，或许这也是各个时代的教育家对他家书的好奇之处吧！

读书
大处着眼，润物无声

信仰"趣味主义"的老顽童

慷慨激昂、威严庄重，历史书上塑造的梁启超形象恐怕早在我们的脑海中根深蒂固了。如果不是亲眼所见，我们怎么也不会想到，书信中展现的梁启超是这样一位风趣可爱的老顽童。

1922年4月10日，梁启超在一个演讲会上谈到自己的信仰时说"我信仰的是'趣味主义'"。正因为秉承着"趣味至上"的想法，梁启超才能在众多领域都有所长，他把自己的人生信条同样传递给了孩子们。

梁启超学识广博、见解深刻，对几个子女的学业和未来都能做出非常具体细致的规划，但他在家信中和孩子们一再强调兴趣是一切的出发点。比如他一开始建议梁思庄学习生物学，因为见多识广的梁启超敏锐地察觉到生物技术将是全世界未来大力发展的热门专业，在那个时代却是无人问津的冷门。而当得知梁思庄对生物并不感兴趣时，他马上去信表示："听见你二哥说你不大喜欢生物学……凡学问最好是因自己性之所近，往往事半功倍。"后来的梁思庄就根据自己的兴趣和能力选择了图书馆学。

在教育机构并不盛行的古代，教育的主要责任基本在家庭中。先贤们很早就指出教育要因材施教、随性而教。法国启蒙思想家卢梭曾提出"自由原则"，即让儿童只做他们喜欢的事情，但我国明代的教育家王守仁早就提出了"今教童子，必使其趋向鼓舞，中心喜悦，则其进自不能已"的观点，比西方早了200多年。

活跃在政坛和社会上的梁启超虽然义正词严、器宇轩昂，但私下里他也是个吸烟、饮酒、打牌样样不落的"俗人"，虽然因为健康原因梁启超对吸烟和饮酒多加节制，但唯独打牌这一点，他一生也没有放下，身边的亲人和孩子也都略懂一二。

我们当下的教育虽然强调学业为主，但生活的实践也在反问我们，谁说玩物就一定丧志？相反地，拥有一种坚持一生、能永远激发热情的兴趣，不仅能缓解压力，更能拓展思维，为我们的困惑提供新的灵感和角度。娱乐本身并没有过错，关键在于我们如何平衡娱乐和课业的关系。

没考上大学有什么要紧！

梁启超在变法失败后，远渡重洋，过了十几年的流亡生活。彼时的他对腐烂的封建旧中国失望透顶，觉得唯有西学可以救国，于是将自己的子女先后送往国外留学，他的孩子们学习也都很刻苦。长女梁思顺读书时居然得了失眠症，梁启超听说后立刻去信劝诫她："以后受学只求理解，无须强记，非徒摄生之道，即求学亦应尔尔也。"当梁思庄考大学失利时，梁启超也马上开解道："未能立进大学，这有什么要紧，'求学问不是求文凭'。"

梁启超的孩子后来个个学有所成，可见梁启超的教育必定是严格的，但他极为反对传统填鸭式的教育方式，当学业和健康出现冲突时，梁启超毅然地选择健康，成绩并不是他最在意的，这在当时，甚至现在都非常超前和开明。

中国教育在很长一段时间中，都认为文凭和学历对于青年的事业和未来起着至关重要的作用，学历不仅是我们求职的敲门砖，甚至成为交友和婚姻的门槛。为了获得更高的文凭或进入名气更大的学校，一些人想方设法改变学籍，课外培训日益增多，更有甚者考大学时为了进入更高学府而舍弃专业兴趣。国家近两年意识到了这种现象掩藏的诸多隐患，开始加以干预，目前已初见成效。

随着教育体系和教育认知的不断提高完善，高学历不再和高成就、高财富画等号，而健全的人格和独立自主的品质才会是每个人最宝贵的财富，我们终将明白这一点！

"寒士"不等于寒酸

梁启超在当时的身家和社会地位都极高，他几乎以一己之力供养整个家庭的生计、供孩子们留学，甚至还有余量接济亲朋好友。梁家的几个子女成长中或多或少都享受到梁启超带来的便利。但梁家秉承着质朴低调的"寒士"家风，从来没有因此得意，生活中反而非常节俭。他教导孩子"使汝等常长育于寒士之家庭，即授汝等以自立之道也"，"我想有志气的孩子，总应该往吃苦路上走"。他认为人只要有充实的精神生活，无论物质生活如何贫乏，也能怡然自得，梁启超自身也一直秉承着这样的精神。

在收到梁思成和林徽因成亲的消息时，梁启超大喜过望，但他立即理智地建议他们成家后应尽快立业，但不要选择不适宜的职业，他说，"一般毕业青年中大多数立刻要靠自己的劳作去养老

梁思永（左）与梁思成在殷墟西北岗大墓考古工地合影

亲……你们算是天幸，不在这种境遇之下"，"现在故宫开放以及各私家所藏，我总可以设法令你得特别摩挲研究的机会，这便是你比别人便宜的地方"。梁启超虽然可以轻而易举地为孩子们"走后门"，但他时刻提醒孩子们不要因"我的爸爸是梁启超"而自负和懈怠。

梁启超虽然提倡节约，却不赞同过于苛省，"寒士"不等于寒酸。特别是对于做学问，他反而极为大方，亲身实践"再穷不能穷教育"的观念，他经常督促他们不要过于节省："庄庄该用的钱就用，不必太过节省……思成饮食上尤不可太刻苦。"

对于梁思永的考古事业，梁启超一直非常支持和关注。当得知瑞典学者斯温哈丁的团队要往新疆考古时，梁启超积极为梁思永牵线搭桥，并帮他安排好行李和路线，更是自掏腰包给足经费，在梁启超看来"犯不着和那些北京团体分这点钱"。

专精则滞,博学则通

如果你对名人家训略有涉猎,就会发现,古代的劝学思想多是推崇专精一门,如颜之推在家训中提出"积财千万,不如薄技在身",曾国藩也认为"求业之精,别无他法,曰专而已矣……兼营则必一无所能矣"。这方面梁启超却有着与众不同的见解。作为一位百科全书式的大学者,梁启超学贯中西、文理兼备,他用自身的成就打破了兼营一无所能的说法,因此对于子女的学业,他也提倡专精一门的同时,也要多涉猎其他领域,这不仅可以打开思路,更能融会贯通,精进本门的专业。

长子梁思成一直对建筑学情有独钟,梁启超在全力支持的同时,也担心他独专一门容易把路走窄,甚至会影响本门学问的发展,建议他一定要多学习几门其他学科知识。梁启超的多封家书中都关注到梁思成的学业,在提到书法学习时他说:"思成写郑文公,宜慕原碑,勿稗贩吾所写者。"意思是建议梁思成临摹郑文公魏碑的原字体,不要一味临摹自己的字体,落入刻板。

不知道大家生活中有没有遇到这样的窘境:我们身边总有一些"社牛",他们永远都是那样自信明媚,似乎和遇到的所有人都可以无话不谈。反观自己,不仅每一次多人的聚会都会变成大型"社死"现场,甚至遇到自己想结识的人,也会支支吾吾不知道说什么。我们有没有想过,除了天性所致,这也可能是因为我们的积累不够丰富。缓解尴尬最直接的方式就是找到共同的话题,这需要我们有广泛的爱好和广博的知识面。所以,博学的另一个价值就是促进我们的社交。

如果你细心地去研究那些大师的经历和思想,就会发现他们的人生目标明确而坚定，在一路无畏向前的同时，他们会怀有接纳万物的热情和包容，这是非常值得我们学习的品质。

你和孩子都聊过什么？

梁氏家风另一个值得我们学习的就是民主平等的家庭氛围。梁启超在给子女的家信中，用语始终亲切活泼，易于接受。他的子女在成长中遇到各种困惑，也会第一时间向他倾诉。梁启超总会冷静耐心地为他们开导，提出自己的建议，但每个建议最后永远用征询的语句将主导权交还给孩子，"你们赞成吗？""你的意思如何？""你的意见怎样呢？"是家信中最常见的语句之一。

其实每位家长都是最了解孩子的人。他们的一言一行流露的情感和心理变化，总能第一时间被家长捕捉到。当代社会最困扰家长的并不是发现问题本身，而是无法很好地和孩子坦诚沟通。这一点我们不得不向教子有方的梁启超学习。他能完美掌握每个孩子的兴趣爱好和特长，取决于他大处引导小处关心的家教方式。

梁启超的平等还体现在与晚辈的交流沟通上。他在家信中总会事无巨细地交代自己的日常起居，自己一天的行程表，甚至家中的账目等细节。他还会毫不避讳地和孩子们谈论当下的时政要闻、社会局势，并平等地征询孩子们的看法和见解。

梁启超这种从小就培养孩子时政敏感度和大局观的做法在今天看来都是非常先进和难能可贵的。反观我们许多家长，自己日常中的烦恼都很少示于人前，总抱着一种"你还是孩子，什么也不懂"的偏见，更别说和孩子讨论社会现象。殊不知，要想走入孩子的内心,先要敞开自己的心扉,把我们内心的想法说给孩子听,他们才会愿意以一种朋友的心态和我们畅所欲言。

我们当代中学的道法课程中,将时事热点列为考核重点之一,这是从学校教育的角度辅助培养孩子对社会时政的关注的方式之一。如果家长在家庭教育中,在茶余饭后的闲谈中可以和孩子聊聊当下的新闻,必然能和学校教育起到相辅相成的作用。

读人
铁肩担道义,何计身后名

南北合璧的强强组合

梁启超出生于清末广东一个普通乡绅家庭。他的祖父和父亲均为秀才出身,亦都致力于教育事业的发展。

梁启超的祖父梁维清也曾追求功成名就,但他穷尽一生努力,并没有如期望的那样闻达于诸侯,即使入了仕途,最大的官职也仅为八品。然而书生本色的梁维清并不喜欢官场的尔虞我诈,很快辞官回家,做起了教书先生。在此期间他做了一件令乡人刮目相看甚至极为敬重的事情,那就是在自家的院落里办起了私塾,取名为"留余"。这间小书斋在梁宅旁的空地上建起来,梁维清一改"十世农耕"的面貌,过上了半耕半读的生活。

梁启超六七岁之前几乎都是和祖父一起度过的,祖父非常重视儿孙的教育，对自幼聪慧过人的梁启超更是偏爱有加，把更多的精力和希望都倾注在这个后辈身上。白天爷孙二人一同读书玩乐，晚上孙子躺在祖父的臂弯里听他讲着历史故事入睡。祖父良好的开蒙教育对梁启超一生的影响极大。

之后教导梁启超的接力棒又递到了父亲手中。梁父是一位传统意义上的严父，梁启超稍有过错，一定逃不过父亲的责罚。但在梁父严格却悉心的教育下，天资聪颖的梁启超7岁就能写诗作文，八九岁就能写八股文，人称"新会神童"。

1889年，17岁的梁启超参加了这一年的广东乡试，秋闱折桂，一朝中举。主考官李端棻对他青眼有加，更将堂妹李惠仙许配于他，人生四大喜事，"金榜题名""洞房花烛"梁启超一下子就实现了两件。

李惠仙比梁启超年长4岁，但出身不俗的她自幼受到良好的家庭教育，琴棋书画均有涉猎，且爱才不爱财。李惠仙和梁启超一生相濡以沫，毫无怨言地随同梁启超颠沛流离，为了全力支持丈夫的事业、跟上丈夫的步伐，李惠仙努力地学习新学，不仅和梁启超共同参与创办《时务报》，还在上海创办女子学堂，成为中国第一位女学校长。凭借自身的学识和才华，李惠仙总是担任着梁启超著作的第一位读者，甚至参与协助他的创作。

更为难得的是，在夫妻二人的经历中，并不只有妻子一味追随丈夫。梁启超是广东人，起初与人沟通都带着一口浓重的方言，这样的他未来能在北京城里风生水起，得益于北方妻子李惠仙悉心地教他国语。

1924年李惠仙因癌症病逝，夫人的离世给予梁启超沉重的打击，梁启超曾写下感人肺腑的《祭梁夫人文》，在给子女的信件中他毫无掩饰地坦陈自己的悲伤和思念。或是因为极大的悲痛，本就一生奔忙的梁启超很快也出现了健康问题，并在5年后溘然长逝。

君子之交淡如水

李惠仙一生为梁启超孕育了三个子女，梁思顺、梁思成、梁思庄，他们后来在文学、建筑、图书馆学领域都成了杰出的专家。这不仅归功于李惠仙和梁启超对他们密切的关注、细心的规划，更有自由开放的成长理念。为了获得更好的进修，梁启超积极筹划和全力支持他们出国留学。

每个家庭都是孩子们的安乐窝，当他们羽翼丰满的一天，迟早要飞往更宽广更自由的天地去开阔眼界。一路上遇到的所有人和事都将改变重组他们的三观，所以得与品质高尚的人交往，这是孩子们在家庭之外的一种良性熏陶方式，而交友不慎，则很可能使自己误入歧途。所谓"近朱者赤，近墨者黑"，从古至今的教育家们都非常重视对孩子识人交友的引导。

梁启超和子女们常年万里相隔，没有办法亲自为孩子们分辨良师益友，就在书信中时刻关注和提醒他们。在一封给梁思永的信中，梁启超为了委婉地告诫他和梁思忠交友要有坚定的原则，举了自己的亲身事例：林徽因的父亲曾邀请梁启超做段祺瑞政府宪法起草会的会长，后又有姚震三番两次的游说，梁启超犯了耳根子软的毛病，几乎答应。幸亏自己转天理智了一点，且他的朋友们都持反对意见，梁启超才最终严词回绝了，他给孩子们的信中说"至于交情呢，总不能不伤点，但也顾不得了"。在教导梁思庄时，他也指出"择交是最要紧的事，宜慎重留意，不可和轻浮的人多亲近"。

我们当今的时代，网络的发达彻底打破了地域和国家的限制，许多软件甚至投其所好为我们自动匹配附近志趣相投的人，片面和有限的沟通让人们更难真正了解彼此，交友看似变得简单了，但也更加草率了。而且热衷于这些新奇科技的正是当下学习新事物能力强，又课业压力大的青少年们，他们的人生经验和社会阅历还很单薄，更难分辨这些打着"好朋友"旗号的对面，是否是道德品质有缺陷的人，甚至是别有用心的诈骗者。

朋友或许是我们人生中除了家人最能坦诚相待的人，但我们也要明白，一位挚友，是需要花费时间和诚意长期培养感情而得的。朋友不求多，但求精，一位知己就如照亮我们心中的一束光，无论现实生活多么残酷，但我们始终知道有一处心境永远是温暖的，这就是朋友的意义和力量！

梁思成与林徽因

"善变"的政治立场

我们对梁启超政治派别的普遍认知应该是"维新派"的代表。梁启超自幼接受的是传统的"四书五经"、八股文章,这为他的思想铺垫了一层固化的封建底色。而随着学业的精进和知识的扩展,梁启超开始接触西方的新潮思想和科技。甲午海战的惨败、西方列强的欺侮,让一腔爱国热血的梁启超开始反思旧的统治体制。在老师康有为的引导下,梁启超坚定地走上了革新救国的"维新变法"之路。变法失败的根源除了维新势力的薄弱之外,没有摆脱"保皇"本质的思想或者也和他们早期受到封建思想熏陶的时代局限性相关。

逃亡日本后,十几年的流亡生活,让梁启超更深入地见识了西方的政治、科技、文化的飞速发展,这让他更加确信只有学习西方制度才能救中国。彼时的他非常推崇"君主立宪"制,但依然坚持改良的方式,为了推行自己的政治思想,他寄希望于袁世凯一派,在言论和行动上给予大力的支持。

1912年,原形毕露的袁世凯终于登上了大总统的位置,为了保全自己的皇权,他不惜牺牲国家主权和民族利益,1915年与日本签订了丧权辱国的"二十一条",并于1915年正式实施自己恢复帝制的阴谋。这彻底激起血性国人的反抗怒火,梁启超也彻底和袁世凯决裂,并积极参与到讨袁大军中。同年12月25日,梁启超的得意弟子蔡锷等人在云南起义,护国战争爆发。

令人唏嘘的是,护国战争虽然推翻了北洋军阀的统治,使中国重新回到了"共和制",但胜利的果实最终全部落入了段祺瑞囊中,中国半封建半殖民地的现状没有任何改变。

但一心救国的梁启超并没有停止斗争的步伐。1918年底，梁启超到访欧洲，此行西方正值"一战"后的衰败，梁启超的思想突然有了180度的转变，他意识到了西方制度和思想也有着致命的问题和弊端，一味西学并不是救中国的良策。也是从这时候开始，梁启超决定弃政从教，将大部分的精力投入"教育兴国"的实践中。

从各种史实中我们看到，梁启超在大半生的政治革命生涯中，确实多次改变自己的政治立场：他试图改变统治体系，却又愚忠于皇帝；他积极联络孙中山，却反对推翻清政府；他盲目地拉拢势力保皇救国，却受了袁世凯的欺骗；他对西方主义信了又弃，对传统文化又舍了再保……怎么看都俨然一副"墙头草"的做派。

但如果我们把他的"善变"放在他一生的所作所为中分析就会发现，对祖国深沉的爱始终是他所有行为的出发点。在梁启超的心中，委曲求全也好、追捕逃亡也罢，只要是对国家好，面对任何艰辛和误解，他都无所畏惧。

· 名句赏析 ·

> 十五年前,仓皇去国……望归国,望了十几年,商量归国,又商量了几个月,万不料到此后,盈盈一水,咫尺千里……

15年前(因逃亡)仓皇离开国家,盼望回国一盼就是十几年,商量回国又是几个月,(因为)万万没想到此一去和故国相隔千里。

赏析:

  关于梁启超和康有为抛下慷慨就义的"戊戌六君子"而独自逃亡,也是史学上历来诟病梁启超的地方。但另一些史料却透露,梁启超一开始也抱定必死的决心,反而是谭嗣同极力建议他为共同的志向和友人的夙愿保留火种和希望。

  而梁启超不知道的是,这一去就是15年,15年的颠沛流离让梁启超尝尽人间冷暖,同时见到、学到了西方的先进科技和思想。15年间中国大地也经历了翻天覆地的变化,最后一个封建王朝终于退出了历史的舞台,中国进入了政权纷乱、思潮激荡的民国初年。

  无论梁启超的思想和立场因局势有过多少次的转变,但他拳拳爱国之心始终不渝,因此在得知回国的消息时激动之情溢于言表。在船上的每一天更是度日如年,这段话正是梁启超思念和焦急心境的折射。

孟子说:"能与人规矩,不能使人巧。"凡学校所教与所学总不外规矩方面的事,若巧则要离了学校方能发见。

孟子曾言,高明的工匠也只能教人各种规则法度,却不能让他们真正学会心灵手巧。学校教授的也全都是规矩方面的事,如果要灵活运用,还是要走出校园亲自实践才行。

赏析:

这段话的前因是梁启超的长子梁思成觉得自己现在学的东西过于刻板,梁启超耐心地劝慰他,学校教导的是规矩和准则,无规矩不成方圆,规矩是求巧的工具。没有天赋的人,学得规矩,就知道如何为人处世、不致犯错。而有天赋的人,在掌握规则的基础上,可以更加发挥自己的才智。

梁启超的这段话同样适用于开导当下许多觉得学习无用的孩子们,枯燥的知识点和繁重的学习压力让我们觉得无力又迷茫。但"千里之行,始于足下",任何成功都不是一蹴而就的,这个世界上更没有天降的荣耀,我们看到的每一个光芒四射的成功人士,背后都是无数汗水和勤奋堆积而成的。厚积才能薄发,只有万事俱备,当东风再起时,我们才能一飞冲天!

血泪交融的中国近代史

·延伸阅读·

- 1876年
  日本海陆军开赴朝鲜,以武力胁迫朝鲜签订《江华条约》,开始向朝鲜全面渗透。

- 1898—1899年
  美国吞并夏威夷、威克岛、东萨摩亚,向远东和太平洋扩张。

- 1901年
  澳大利亚联邦正式成立。

- 1905年5月
  对马海战,俄国波罗的海舰队与日本海军在对马海峡展开决战,俄舰队全军覆灭。

- 1908年
  美国成立联邦调查局,成为监视国内革命人民和进行国外间谍活动的主要工具。

- 1914年7月26日
  奥匈帝国向塞尔维亚宣战,第一次世界大战爆发。

大文豪心中的 Super Star(超级巨星)

作为一位文理史哲皆通的全才,梁启超本人在民初就是万人追捧的存在,他的弟子们在当时也极负盛名。那么这些大人物心中有没有自己的偶像呢?答案是当然有!在当时有一位世界级的大文豪,也是世界上第一位获得诺贝尔文学奖的亚洲诗人——泰戈尔,各国的文人都将他奉为"神明",以能邀请到他来国内访问为荣。泰戈尔一生曾三次访华,1924年的这次,梁启超委派徐志摩等人主持接待,他们为泰戈尔召开了热烈的欢迎会和演讲会,盛况一时无两!

泰戈尔生于印度的贵族阶级,所以他从小能享受到优越的生活和教育资源,他很早的时候就展现出极大的文学艺术天赋,而且向往自由,不甘于按照父母规划的路线生活,坚定追求自己的文学事业。

泰戈尔同样是位文学、哲学、艺术等多方面都造诣极深的通才,为了拓展眼界、充实思想,泰戈尔一生游历过很多地方和国家,英国、苏联、日本,都留下过他探访的足迹。泰戈尔能始终坚定地从事文学创作和游历采风,和少年时父亲的言传身教有密不可分的关系。

泰戈尔的父亲本身就热爱文学和旅游,而且善于引导和启发孩子。在泰戈尔12岁这年,父亲为他主持了成人礼,仪式之后,父亲提议和泰戈尔一起去喜马拉雅山旅游,这对于常年幽闭于深宅大院的泰戈尔来说真是太惊喜了!

就这样,在父亲坚实的臂膀下,泰戈尔一路前行,一路向上,他们或步行,或骑马,或乘轿,沿途耸峙的高峰、参天的古木、深邃的沟壑、远飞的群鸟……都给予少年的泰戈尔极大的震撼。这一次远行,将泰戈尔探索和创作的欲望彻底激发出来。此后他曾多次攀登喜马拉雅山,还和父亲在喜马拉雅山脚下建了住宅和花园,常去那里度假。喜马拉雅的攀登之旅也给了泰戈尔创作的灵感,他称它为"蛰居在心灵上的情人"。

如果没有和父亲的这次旅途,可能不会坚定泰戈尔的诗歌事业,如果没有之后的阅尽千帆,也不能成就他超凡的诗歌创作。中国古代的先哲就曾提出"读万卷书,行万里路""纸上得来终觉浅,须知此事要躬行"的观点,无论知识掌握得多扎实,答卷成绩多优秀,也永远不能和亲历实践的收获相比。所以当梁思成决心致力于中国的建筑事业时,梁启超经常建议他一定要多观摩、多考察,甚至将他和林徽因的蜜月之行都细致规划成了一次西方建筑考察之行:"你们最主要目的是游南欧……到英国后折往瑞典、挪威一行,因北欧极有特色……再入意大利,多耽搁些日子,把文艺复兴时代的美彻底研究了解……"

国破犹有忠魂在,一纸箴言重千金

清末民初的耻辱岁月是每个中国人永远无法回避的历史,那时的中国似一个手无缚鸡之力的老农,被架着机枪火炮的恶徒在近代历史的土地上肆意拖行。所谓"乱世出英雄",那时的国家有多狼狈,爱国志士们的挺身而出就有多悲壮。

在经历了两次鸦片战争的惨败之后,中国一些理智清醒的"洋务派"官员在魏源"师夷长技"的思想启发下,开始大刀阔斧地引进西方科技,兴办军工业。直到包裹着兴国外衣实则还是巩固封建政权的洋务运动彻底被甲午海战的炮火击得粉碎,国人的幻想也一同沉入了冰冷的黄海之中。此后日军的长驱横行更是让清政府吓破了胆,为了立即停战,中日签订了第一个不平等条约《马关条约》。

幼稚的统治者没有想到,《马关条约》并不是侵略的结束,而是噩梦的开端。如果说《马关条约》的签署,让国人对统治者彻底失望,那么德国对胶州湾的强占是点燃爱国志士们反击怒火的最后一根导火线。

早在甲午海战之后，梁启超和老师康有为等1300多名举人就联名上书反对清政府签署《马关条约》，直到"胶州湾事件"爆发，梁启超等人意识到是时候对统治者内部进行一次大的洗牌了，这就是"戊戌变法"运动的背景。

"戊戌变法"的结局我们都知道了，正如开篇描写的那样，除康、梁二人远渡日本，一人被救，其余六位义士用鲜血和生命为唤醒国人做出了最后的呼号。"戊戌变法"虽然失败了，但它对辛亥革命起到了奠基的作用，更是五四新文化运动的前奏。

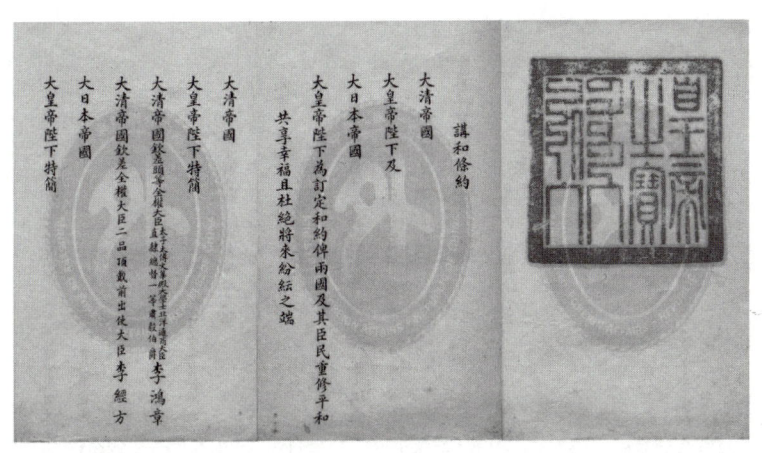

1895年甲午战争结束后，清朝代表李鸿章与日本代表伊藤博文于马关港春帆楼签署《马关条约》

"精神贵族"的华夏传承

——"中国的居里夫人"何泽慧的家风

人物小传

何泽慧（1914—2011），中国女物理学家、院士，江苏苏州人。清华大学毕业后赴德深造，1948年回国，开拓了中国中子物理学和核裂变物理实验研究领域。与同事共同研制成功核乳胶，并在宇宙线、高能天体物理学等多个领域的研究中做出重要贡献。

何泽慧，对于大部分人来说，或许是个比较陌生的名字。但提起居里夫人这位获得诺贝尔奖的女科学家，想必是家喻户晓。而何泽慧就是"中国的居里夫人"，也是中国"两弹一星"元勋钱三强的夫人，还是中国著名的物理学家、中国科学院的资深博士、高能物理研究所副所长。

何泽慧生于中国新思想崛起之时，学于华夏大地饱受战乱之年，于新中国成立前夕毅然回国，与丈夫钱三强及众多胸怀报国之情的科学家们，在艰苦的条件下为我国各领域科研项目的从无到有贡献着自己的一生。在我国百废待兴的国情下，何泽慧就让物理学的科研水平迅速跻身国际行列。

著名物理学家李政道曾说，何泽慧先生是中国原子能物理事业开创者之一，是中国科学院近代物理研究所的创建者之一。她以满腔的热忱领导开展中子物理与裂变物理的实验，她积极推动了祖国宇宙线超高能物理及高能天体物理研究的起步和发展。

孤胆求学胜须眉，甘为科研弃红装！怎样的家庭才能培养出如此德高望重的女科学家呢？何家又有着怎样值得当代人借鉴学习的家风呢？通过《何泽慧传》，我们可以从何泽慧先生身上了解何家代代沿袭的高士之风，深度剖析这个家族优秀"基因"的传承。

读书
满门高才,一心向国

两渡何氏——真正的"精神贵族"

何泽慧出生于江苏苏州,这个温婉的地方孕育出了很多知名世家,其中大部分都是诗书传家,也形成了很多有地域特色的文化风景。何泽慧的祖上是山西灵石的"两渡何氏",这是一个闻名于清代的科举世族。据记载,仅清朝300年间,何家便出了15名进士,29名举人,22名贡生,65名监生,74名生员,故在山西还流传着"无何不开科"的说法。近代的何氏家族也是名副其实的高门望族,可以说何泽慧的家人们个个都是"大咖"。

她的父亲何澄,早年追随孙中山革命,是老同盟会员,他是山西第一位前往日本的留学生。母亲王季山,出身于苏州著名的文化世家——莫釐王氏,是晚清著名的物理学翻译家、曲学家王季烈的妹妹。

何泽慧的哥哥何泽明是金属学专家;弟弟何泽涌是细胞学专家;姐姐何怡贞,是中国第一位物理学女博士;妹妹何泽瑛,是著名的植物学专家。她们姐妹三人还享有科坛"何氏三姐妹"之誉。

她的外祖一辈也不简单,外祖父王颂蔚是明代著名政治家、文学家王鏊的后裔,是蔡元培会考时的恩师;外祖母王谢长达,是当时著名的教育家和妇女活动家,创办了新式西学振华女子学校。振华女校的理科课程用的都是国外的原版教材,英文课都是选读名著,在当时算是超一流、国际范的名校,著名社会学家费孝通、作家杨绛、新闻学家彭子冈等人年少时都曾在此就读。何泽慧的表哥表姐表弟们,也都是各个领域的精英人才!这不由得让人感叹,这个家族"学霸基因"传承得也太优秀了!

  出身于书香门第的何泽慧,从小便受家人熏陶,极爱看书。关于早年的学与玩,还有一则小故事。何泽慧作为何家第三个孩子,因为机敏聪慧,爱读书,成绩优异,很受父母的宠爱。但因为小小年纪就知晓了很多道理,让何泽慧略显孤僻,不太愿意陪弟弟妹妹们玩耍,认为那是在浪费时间。父亲耐心地教导她,读书固然重要,但家人更重要。于是她开始抽空陪弟弟妹妹玩耍,还为他们织毛衣,和兄弟姐妹们的相处逐渐和睦。

  家是港湾,是累了可以休息的地方。家人是支撑,是榜样,更是背后的力量。这也给我们今天的家风教育带来了启发,很多家长经常会对孩子说"你就好好学习,其他什么都不用管",要求孩子把所有的时间都用在学习上,有时候去看望爷爷奶奶都不让去。在这样的教育思想下长大的孩子就算成绩很好,也很有可能成为一个自私的人。毕竟在他整个成长过程中一切以他为主,连对家人亲人的爱与感情都这么淡漠,就更谈不上对社会的关注与热情了。如果我们将来培养出来的都是这样的精致利己主义者,那对整个国家和民族也是一种悲哀与灾难。正是因为"心中有家人,大家齐进步"的教育理念,才让何氏家族涌现出了众多的佼佼者,取得了如此令人羡慕的成就。

  何氏家族不仅相亲相爱,更加自立自强。何泽慧的父亲何澄一生克勤节俭,叮嘱子女勤学自立,绝不能当"啃老族"。他对子女的教育思想是"科学、自由、平等、独立",要求子女"对技术要精细周到，对事物要明快通达，对人要忠厚宽大"。何泽慧和兄弟姐妹在父母的教导照顾下，不仅养成了勤俭节约的习惯，而且始终保持着极为亲密的关系，彼此鼓励，互相学习，既有竞争又有讨论，而这种浓厚的亲情与学术研究的氛围，更是何氏家风的精髓之一。

报效祖国的爱国热忱

何氏家风还有一个重要精髓就是爱国。身为中华儿女，热爱自己的祖国是所有家风中最重要的组成部分，在何家，这不仅是家训，更是所有子女的行动准则。父亲何澄是山西首批留日(日本陆军士官学校)的学生，辛亥革命爆发时，何澄从北京到上海，协助陈其美光复上海。辛亥革命胜利后，他有感于国家实业和教育的落后，便退隐苏州，办实业兴教育，继续以一己之力，探索救国之路。他也像一盏灯塔一直在照亮孩子前行的路，作为孩子们的楷模，激励着他们不惧风雨，勇往直前地为祖国奉献一切。何澄曾说要是有八个孩子，就把他们送到侵华的八个国家去留学。受父亲的影响，何泽慧八兄妹都从小怀揣科学报国的梦想，虽然受战争等种种因素影响，他们八个人没能都去当年侵华的八个国家留学，但这丝毫不影响他们报国的热情。

抗日战争爆发后，父亲何澄将五个儿子都派去支援抗战；1948年，何泽慧与丈夫钱三强带着刚满七个月的大女儿回国，共同从事核物理研究工作；与此同时，何泽慧的姐姐何怡贞也从美国返回；1949年，何泽慧给身在台湾的妹妹何泽瑛寄钱，让她买到了最后一班回北平的船票。这样，何家子女在中华人民共和国成立前，全部顺利返回大陆，报效祖国。

何澄与张善子、张大千、叶恭绰等艺术家是至交，本身也有着极高的艺术鉴赏力。在苏州时，他对中国园林艺术中的瑰宝"网师园"（当时称逸园，俗称张家花园）尤为珍爱。1940年，国难深重，何澄实在不忍心看着这座名园的建筑和假山濒临坍塌，便倾其大部分财力购得了网师园，并进行全面整修，悉从旧规，又对园内的假山、树木、楼台亭阁加以修葺，还亲自指导了室内明清家具的布置，并将自己所收藏的古玩字画充实其中，使得这座世界文化遗产得以在战火中保存下来。何澄生前曾交代夫人和子女说："网师园是属于中华民族的，我之所以购买网师园，只是为了避免流失毁坏，将来必还之于民。"父亲何澄逝世后，母亲王季山为实现丈夫生前的遗愿，也竭尽了全部心力和生命维护网师园。父母去世后，何家子女一致遵照父母的愿望，将网师园及其中数千件文物，联名捐赠给了国家。

什么是对家风最好的诠释？莫过于放弃个人的安逸享乐，不计小家的荣辱得失，关键时刻用实际行动投身爱国的伟业中。秉承家风，延续文脉，生长在这样一个充满了浓郁的人文情怀与素养的家庭中，何泽慧得以在未知的领域中不断探索，她不仅终身致力于中国的科学研究，更为早期中国的物理研究培养了一批又一批人才，在潜移默化中将自己的家风传给了一代又一代人。

读人
请叫我何先生，而不是钱太太

巾帼不让须眉

何泽慧生长在男女平等的家庭氛围里，她的姐姐何怡贞的名字是随表姐们"贞"字的排行，而哥哥何泽明则按何家的"泽"字辈取名。何泽慧小时候就说，哥哥排"泽"字辈，男孩女孩要一样，她也要用"泽"字，"何泽慧"的名字就是这么来的。在她的心目中，从未觉得巾帼逊于须眉。何泽慧学成回国后，和许多科学家一样住在"特楼"，科学家们互相的称呼都有着不一般的"洋气"，外人称他们为"先生"，他们彼此有时也互称为"公"，他们的妻子则被称为"太太"。但何泽慧例外，她从来不爱听别人称她为"钱太太"，大家提起她，多会恭恭敬敬地称一声"何先生"，就连国庆节人民大会堂发给她的邀请函，称呼也是"何泽慧先生"。

何泽慧小学和中学就读于外祖母创办的苏州振华女校。在那里，何泽慧的德智体美劳得到了全面发展，据说她英语很好，喜欢游泳，还是排球队的主力；会乐器，会画画，还会篆刻；喜欢写散文、做剪报，是一位兴趣广泛、多才多艺的"苏州才女"。1932年，何泽慧从振华女校高中毕业，跟同学一起前往上海考大学。考试前，父亲何澄还开玩笑说："考上大学就去上，考不上就当丫鬟。"何泽慧也是心大得很，一点不紧张，她曾回忆当时参加考试的情况："我们自己就去报名，我记得那时候我们苏州还没办法考试，要跑到上海去考。去上海没地方住,也不要紧,同学们谁家在上海的,大家就都去住。也没什么准备,考得上么考,考不上么反正那时候要求也不高。那时候我们女孩子一点也不紧张的,考不上怎么样?没关系,我到谁家去做小保姆。"

在上海,她的第一志愿报的是浙大,第二志愿是清华。优秀如她,两所大学都考上了!她后来对报社记者回忆:"考浙江大学的人有800多,我报考的是物理学系,他们录取的只有我一个女生,你说我的运气好不好?清华大学的人特多,一共有近3000人,清华的希望小得不得了!"3000人中清华最终录取了28人,而何泽慧就成了28人中的一位。虽然两所名校同时伸出了橄榄枝,但何泽慧最后还是选择了清华大学。清华大学的学业非常繁重,何泽慧不敢有一丝懈怠,一直保持勤奋进取的学习状态,那一届最后只有10人顺利毕业,何泽慧就是其中之一,而且她的毕业论文还取得了第一名的好成绩,列于第二名的正是她未来的丈夫钱三强。翻看那张1932—1936年清华大学物理学系的毕业合影,坐在前排梳着两条长长的麻花辫的清秀姑娘格外引人注目,她就是日后成为中国科学院第一个女院士的何泽慧先生。

今天,男女平等的思想早已深入人心,但早期的中国处于一个男尊女卑,女性必须遵循三从四德的时代。何泽慧作为从那个时代成长起来的女性是幸运的,她始终在家族和家庭的鼓励下勇敢追求自我,并最终呈现给世界一个中国独立新女性的光辉形象。其实,她的祖母王谢长达就是一位个性坚强的独立女性,凡事不畏艰辛,曾积极呼吁"缠足之风首要严禁,女子教育更需提倡"。在这种家风的影响下,何泽慧一直保持着独立、勇敢、自强、坚韧,敢于追求、不怕困难的品质。虽然出身名门,但在她身上却看不到一丝丝傲慢与懈怠，骨子里透出来的质朴与简单却不禁让人肃然起敬，这就是何氏家风的传承。

1932年，刚刚考入清华大学物理系的何泽慧和其他的女同学一起被劝转系，原因是物理系主任和一些教授认为女生不适合学物理，而且物理系重质而不重量。何泽慧感到很愤慨，她与其他女同学一起找老师理论，老师说服不了她们，只好按"第一学期普通物理成绩必须70分以上才可继续读物理"的规定处理此事。何泽慧最终硬是顶住了压力，以不逊于男生的成绩获得清华物理系的毕业证书。

在本科毕业前夕，系里要求学生自选题目写毕业论文。何泽慧选择的题目是"实验室用的电压稳定装置"，做这个选题需要上车床，自己动手制作装置的零件。但她丝毫没有畏惧，挽起袖子，变身"女汉子"，立马投入实验，上机床，拿锉刀，拿焊枪，装配，拆卸，成功获取了实验数据和材料，并以90分的好成绩拿到全班第一名。

毕业后的何泽慧没有满足于好成绩，也没有急着工作，而是毅然选择了当时所有女同学都望而却步的导弹学，独自一人远赴德国，原因很简单，她想要通过学习先进科技来打败日本侵略者。但当时通往德国的道路困难重重，德国柏林高等工业大学技术物理系彼时并不收外国人，更何况是外国女生。听说技术物理系的主任克兰茨教授曾经在南京军工署工作过，一心求学的何泽慧便亲自去请求他。在被明确拒绝后，何泽慧也没有放弃，一直争取机会。她诚恳地对克兰茨教授说："您可以到我们中国来，当我们军工署的顾问，帮我们打日本侵略者，而我为了打日本侵略者，专门到这里来学这个专业，您为什么不收我呢？"克兰茨教授被何泽慧的一片赤诚打动，与其他教授商议后，最终破例接收了她。何泽慧成了技术物理系首位外国学生，也是弹道学专业的首位女学生。何泽慧外表看似柔弱，内心却很强大，她心怀天下，又不盲目，想凭自己的努力保家卫国，理想远大，能够把自己的生命价值与国家民族命运紧密相连，这才是能够征服任何文化与文明的魅力。

勤俭传家、淡泊名利

何泽慧和钱三强都是顶尖的科学家，待遇和家庭条件相对优渥。可是他们组成的家庭却不是一般人想象中那么奢华，他们始终坚持勤俭传家，归国后一直住在20世纪50年代建设的住宅楼里，这是当时为安置海外归来的著名学者和国内自然人文各学科领域的知名科学家专门建的，称为"特楼"。后来钱三强去世，何泽慧还是一直住在那，家里的东西几乎没有变过。不论是卧室还是书房，何泽慧都尽可能地保持着钱三强生前的样子，别人提议让她搬到更好的房子中去，何泽慧说："哪儿也不去，除非上八宝山。"纪念自己的爱人，或许再没有比这更好的方式了吧！

何泽慧一直爱讲"修旧利废"，能用的东西都不舍得扔。家里的冰箱坏了就自己修，家里的桌子、椅子坏了，也自己动手拾掇。她还会用旧牙刷柄自刻印章，用穿糖葫芦的竹签自制掏耳勺，用皮料自制钱包。据说钱三强先生随身用了几十年的钱包，就是何泽慧亲手做的。她去参加国际会议，穿的都是打了三层补丁的鞋，手里提的是用了多年的人造革书包，带子断了，就用绳子系着，革裂开了，就用针缝起来。她的住处没有时髦的家具和豪华的陈设，最多的就是一摞摞的书。何先生买书大方，过日子却很节俭。她的儿子钱思进回忆说，刚上幼儿园和小学时，有时穿的还是姐姐们穿过的女裤。女儿钱民协则说："妈妈一直是那么自信乐观、自强自立，她对每个人的要求都很严格，总是督促我们努力工作。她从不会把对我们的爱挂在嘴上，但心中却怀着一种深沉的大爱。"

1971年初，钱三强给正在农村插队劳动的儿子的信中写道："做什么就好好地去做，希望你终生守着这条准则。"还说，"我这一生也无其他长处，也只有'做什么就好好地去做'这一条。"这段话将"勤"字做了最好的诠释。父母以身作则，孩子们看在眼里，耳濡目染，自然也就养成了好习惯。在这样的家风影响下，何泽慧的孩子们都朴素且真挚，不讲究吃穿派头，待人谦和礼貌，从来不和他人攀比。

何泽慧一家是同事、朋友眼中的模范家庭，他们都去向何泽慧夫妇讨教"教子经"。何泽慧工作繁忙，很多时候无暇顾及儿女，但只要有时间，她就会抽空辅导孩子们的学习。在儿子钱思进的

何泽慧与钱三强夫妇

记忆中，母亲在远郊工作，每周只有星期天回家和孩子们团聚，听到母亲的声音，更多是在电话里。科源社区14号楼203室的走廊里挂着一块小黑板，几十年不变。钱思进记得，二姐钱民协上中学时，母亲有时会和她通电话，和她一起分析几何题，小黑板上总留着各种多边形和数字。可以说正是这样淡泊宁静的生活态度，帮助孩子们养成了豁达的心胸，与坦然自在的生活态度和宽厚的性格特征，使他们无论走到哪里，无论从事什么工作，有什么样的遭遇，都能积极体味到生活的幸福。

有些人觉得幸福就是过得比别人好，有些人觉得幸福就是可以悠闲地过日子，有些人觉得幸福就是拥有别墅豪车……可真正的幸福首先来自每个人对自己人生价值和意义的认定，对于将一生奉献给祖国和科学事业的何泽慧来说，幸福更是简单的生活与不懈的追求。生活中的何泽慧默默无闻、淡泊名利，从不计较个人得失。虽然年事已高，但她依然坚持与大家乘坐一样的交通工具参加会议，不接受特殊照顾。90岁高龄时，仍然坚持一周几次去高能所上班，每天坐着公交车上班，又乘着公交车下班，她的身影，是中关村老式小区与研究所之间一道亮丽的风景线。中午在食堂吃饭，然后买两个馒头回家热热就是晚餐，生活简单而质朴。"春光明媚日初起，背着书包上班去。尊询大娘年几许，九十高龄有童趣。"这是同窗王大珩贺何泽慧九十华诞所作的诗，诙谐打趣，却又写实。无论是公交车上的乘客还是擦肩而过的学生，可能谁都想象不出，这位背着书包上班的老太太家世有多么显赫。何泽慧本可以过着舒适闲逸的生活，可她却说，我自己可以什么都没有，但祖国不行，我要把最好的都献给祖国。她的女儿钱民协说："我妈这一辈子不讲吃、不讲穿、不讲住，从来不计较什么条件。她们那一代人，活得轰轰烈烈！或许她觉得自己是非常幸福的，从不认为自己有多大贡献，只是做了她应该做的。"这就是那一代人简单快乐又满足的生活。

这位德高望重的科学家，也有其倔强可爱的一面。在1994年国家科学出版社出版《中国现代科学家传记大辞典》时，何泽慧坚决不同意立传，因此在此系列丛书第六集"物理学"的部分，并没有她的名字。她的传记也只出现在了书的最后。编者不得不加了特别说明："此篇传记虽早已约稿，但因何泽慧本人谦让不同意立传，后在本书编辑组一再要求和催促下，作者才着手撰写并于全书付印前交稿。因全书页码已定，不便插入相应学科，故补排在最后。特此说明。"据说曾有一档特别知名的人物访谈类节目想要采访何泽慧，在她家楼对面架起机子整整等了一个星期，老太太也没答应接受采访。她认为，搞科学，又不图出名！从要强的名门大小姐，到把一切献给国家的科学家，何泽慧不仅用科研成果征服了世界，更用无与伦比的人格为我们树立了最好的榜样。

· 名句赏析 ·

> 要为科学服务,科学要为人民服务!

赏析:

这句话出自伊伦·居里女士对何泽慧夫妻的临别赠语。

1947年,由于出色的科研成果,钱三强夫妇在法国科学界的地位已经相当显赫,他们很清楚,留在这里无疑对继续做研究更加有利,而此时的中国贫穷又遭受战火,绝不是搞科研的好选择。但心怀祖国的钱三强与何泽慧始终不忘自己出国留学就是为了将来报效祖国,毅然决定在新中国成立前夕回国效力。

于是1948年4月的一个周日,钱三强与何泽慧正式向恩师约里奥-居里夫妇辞行。虽然很舍不得这两位人才,但约里奥依然赞赏地说道:"我要是你的话,也会这样做。祖国是母亲,应该为她的强盛而效力。"而一向不善言辞的伊莱娜则说出了上面这句话,并慷慨地赠予他们自己的研究数据,一些原材料以及科研仪器。

约里奥-居里夫妇博大的胸怀与崇高的境界证实了爱国之心与科研一样是相通的,而何泽慧夫妻的大爱之举也告诉我们,伟大的科学家无论身在何地、所学为何,他的心永远属于祖国。

· 名句赏析 ·

> 一般来说，如果你做工作而不能完全被工作迷住，就最好别做它。每个人必须认识到不仅要使自己在工作时间内，而且要在工作时间以外都在酝酿工作中的问题才行……物理学家要有一定程度的休闲，但休闲时也必须进行思想的活动。

赏析：

　　这段话出自德国物理学家瓦尔特·波特教授的《给青年物理学家的忠告》一文。1943年，何泽慧跟随波特教授继续从事物理研究。1959年，何泽慧与助手共同翻译了波特教授的《给青年物理学家的忠告》。

　　这段话的主旨初看起来和我们当代所倡导的劳逸结合的学习方式背道而驰，但实质上波特教授想强调的是一种发散思维，一种举一反三、融会贯通的能力。我们在做学问的时候，特别是一些高精尖学科或者需要大量实验的学科，往往容易陷入一个死胡同或者瓶颈期，这时需要我们暂时跳脱出来、放松神经，但波特教授指出，放松神经并不是让我们的大脑停止思考。从牛顿和居里夫妇的身上我们就能发觉，伟大的科学家从未有一刻停下自己的研究工作，相反，他们更擅长从日常现象中、从新的角度激发自己的灵感和思维，打开新思路，找寻新的解决方法，突破瓶颈。这才是做学问该有的态度和思想。

读世界

从无到有,开天辟地

世界物理界的华人面孔

科学研究需要耐得住寂寞,更需要合作伙伴的默契配合。就像居里夫妇一样,何泽慧与钱三强也是一对并肩作战的科学伴侣和最佳搭档。谁说科学家不懂得浪漫,他们之间的感情与故事也值得我们细细品味。

20世纪40年代,正值第二次世界大战期间,全世界发生着翻天覆地的变化。由德国、日本和意大利组成的法西斯联盟大肆侵略,使各个国家处于水深火热之中,交战国双方更是不允许有书信往来。后来经过日内瓦的

·延伸阅读·

· 1898 年
波兰出生的物理学家居里夫人发现了钋、镭及其他一些元素的放射性。

· 1928 年
英国细菌学家弗莱明成功研制青霉素。

· 1996 年
第一只克隆羊诞生于英国的苏格兰。

· 1997 年
亚洲金融危机。

红十字会与各交战国的沟通，终于获得了通信权，但又严格规定：信件内容不得超过25个字；只限于家庭问候，不能有关于任何政治战争等方面的信息；信件不能封口，必须写在一种特制的表格中，等等。战争中断了何泽慧与国内的联系，万般无奈之下，她突然想到了在法国的钱三强，便给他写了一封信，希望能帮她向亲人转达平安的消息。彼时，身在法国的钱三强也正惦记同窗好友何泽慧的安危，突然收到她的来信，可谓惊喜万分，在那个没有封口的信封里，只有短短几个字"烽火连三月，家书抵万金"。这次联系之后，两人便开启了"40年代版"的"网恋"，他们在一封封书信中谈工作、谈理想、谈人生，原本就互有好感的两人感情迅速升温。1945年，年满32岁的钱三强，向何泽慧发出了生平第一封求爱信，不，确切地说是求婚信："经长期通信，向你提出求婚。如同意，我将等你一同回国，请回信。"

寥寥数字，钱三强几经修改，反复思量，在把信件寄出去之后，长舒一口气，随即又陷入焦急的等待中，他担心被拒绝，更担心远在德国的她的安危。而这封家书，也让身在异国的何泽慧备感激动，当即给钱三强写了回信："感谢你的爱情，我将对你永远忠诚。等我们见面后一同回国。"没有甜言蜜语，没有海誓山盟，爱情就在这短短的书信中慢慢生根、发芽、结果。这独属于他们之间的浪漫不仅关乎感情，更是有着同样理想信念与爱国情怀的见证。两个人因科学走到了一起，又把彼此的炽热情感投入科学研究中，这对科学界的神仙眷侣，日后将携手在科学的世界中品味属于他们的甜蜜幸福。

去巴黎进修之前，何泽慧已经是全球知名的物理学家了，她在试验中观察到一种"正负电子碰撞而不湮灭"的特殊现象，入选《自然》杂志年度科学发现,被称为"科学珍闻"。到巴黎之后,何泽慧进入了巴黎大学居里实验室,与钱三强成为同事。1946年,"二战"结束后的第一个春天,何泽慧与钱三强正式结婚。

爱情的力量非同凡响,让人感到斗志昂扬,喜结连理的两人终于可以肩并肩继续攀登科学高峰了,物理学一个新的里程碑即将成为夫妻二人最好的爱情结晶。那是偶然一次观察铀核裂变照片的时候,何泽慧发现在两条粒子线中间,沿垂直方向还有一条很细很细的粒子线放射出来。于是,便和钱三强一起认真探讨着:"难道铀核裂变还会产生第三条粒子线?"在得到老师约里奥-居里夫妇的肯定和支持后,两人就"长"在了实验室里,不眠不休地试验、观察、分析……在经过反复的实践与论证后,他们终于得到了一个结论:铀核裂变不仅可以一分为二,在一定条件下,可以一分为三,甚至一分为四。他们高兴坏了,至此,这对夫妇排除种种质疑与阻扰,提出了"三分裂""四分裂"理论,成为物理学研究上的重要发现,并成为当时重要的科学事件,获得世界范围的高度认可。据说当时别人问她怎么发现"三分裂"的,她还"硬核"了一把,表示"谁都可以发现""细心点就可以发现啦""多简单啊"。

科学伴侣,携手报国

何泽慧在国外的学习生活很顺利,不仅研究屡屡取得突破性进展,在国外的专业领域更是颇有盛誉,而就在她能以更加优越的条件继续从事研究的时候,她却义无反顾地放弃国外的一切,和丈夫钱三强克服重重困难回到了祖国,投身到了百废待兴的国家科研建设中。对于刚成立的新中国来说，科研建设尚处于小儿学步阶段，于是，何泽慧和丈夫钱三强一起，毅然扛起了筹建中国科学院近代物理研究所的重任。在电影《我和我的祖国》里，有为了焊制一个升旗杆，需要挨家挨户地收集材料的画面，何泽慧他们当时面临的是相同的窘迫。那时的中国连最简单的仪器都找不到，资金问题更是让他们头疼，没有仪器怎么做实验，没有资金如何持续研究？可他们丝毫没有丧气，两个人骑着自行车，跑遍北京的旧货店和废品收购站，寻找可以利用的元件。然后，她负责绘制图纸，他负责动手制作，在如此简陋的条件下，做出了一个个必需的仪器。这就是中国科学家智慧与担当的最好证明吧！

经过几年的努力，物理研究所渐渐有了一定规模，科研人员由最初的5人扩大到150人，何泽慧夫妇为新中国成立了第一支核物理研究队伍。1955年前后，国家的科研重点转向了原子能，何泽慧又立即奔赴苏联，负责关键的加速器及在反应堆上进行核物理实验。1958年，中国第一台反应堆及回旋加速器建成后，她担任了中子物理研究室主任，使中国快中子实验工作很快就达到了当时的国际水平。

何泽慧与钱三强的成功不仅代表了中国科学家的能力与水平，更向世界证明了伟大科学家的根是与祖国紧密相连的，他们的爱不仅是个人的情感选择，更是追求理想的精神选择。他们不仅是相濡以沫的伴侣，更是志同道合的战友。今天的世界变化日新月异，无论是科学技术还是文明传承都给我们每个人提出了更高的要求，当我们见证中国物理学突破的一个又一个难题和取得的成就，当我们重温那些科学家们的奋斗历程和一颗颗永远忠贞的爱国之心时，我们更该明白，好的家风传承绝不只是一家一姓，而是全民族的优秀品格，值得我们每个人继承学习，发扬光大。

扫 码 连 通

AI好家风成长导师

・认知理念
・治家学堂
・家长书院
・现代启示